回家来杯鸡尾酒

浸泡、蒸馏与创新的秘诀

［英］里奇·伍兹　著

王勃涛　译

中国画报出版社 · 北京

图书在版编目（CIP）数据

回家来杯鸡尾酒：浸泡、蒸馏与创新的秘诀 /（英）
里奇·伍兹著；王勃涛译. -- 北京：中国画报出版社，
2019.2
　书名原文：The Cooktail Guy
　ISBN 978-7-5146-1539-5

　Ⅰ.①回… Ⅱ.①里… ②王… Ⅲ.①鸡尾酒—调制
技术 Ⅳ.①TS972.19

　中国版本图书馆CIP数据核字(2018)第28324号

　北京市版权局著作权合同登记号： 图字01-2018-7914

回家来杯鸡尾酒：浸泡、蒸馏与创新的秘诀

[英]里奇·伍兹 著　　王勃涛 译

出 版 人：于九涛
策划编辑：赵清清
责任编辑：齐丽华　赵清清
内文设计：刘　凤
封面设计：郑建军
责任印制：焦　洋

出版发行：中国画报出版社
地　　址：中国北京市海淀区车公庄西路33号　邮编：100048
发 行 部：010-68469781　010-68414683（传真）
总编室兼传真：010-88417359　版权部：010-88417359

开　　本：16 开（787mm× 1092mm）
印　　张：11
字　　数：130 千字
版　　次：2019 年 2 月第 1 版　2019 年 2 月第 1 次印刷
印　　刷：北京汇瑞嘉合文化发展有限公司
书　　号：ISBN 978-7-5146-1539-5
定　　价：88.00 元

目 录

聊聊我的酒

在我的记忆中，我的童年充满美好时光的欢声笑语，家人带给我的亲情与温暖，以及探索未知的快乐，但最重要的是那些新鲜简单却色香味俱全的食物。无论是夏天在爷爷家剥豌豆或是在菜园里摘果子，还是去海边度假时和妹妹加入捡鸡蛋的大军，在谷仓周边转来转去（至今，干草的香甜仍然会让我想起那段时光），我最初、最深刻的记忆都与食物有关，哪怕是现在，一阵熟悉的味道就足以让我回到青春时光。

成长过程中，我吃的食物不仅富含营养，而且新鲜美味，实属幸运。当时我并不知道，其实我是在储备我自己的味道库，这是我调制新品鸡尾酒的基础，也是不断激发创造力的源泉。我小时候都是在院子里吃晚饭，母亲做的饭菜香和田园里的芳香——馥郁的新鲜香草、藤蔓上饱满的番茄和花园里令人陶醉的花香混合在一起，带来了一场感官盛宴。每一种芳香、质感和味道都记入了我的潜意识中，以备日后所用。

当我开始频繁光顾酒吧的时候，我发现鸡尾酒菜单总是像《圣经》一样厚，罗列了太多种类，却做不到简明扼要。我常看到整页列举了各种水果风味的马天尼或者科林斯酒，每一种只是稍加改进，让菜单显得冗长而已。客人可不打算从如此浩瀚的清单中寻找最出格或最特别的那款鸡尾酒，况且很多调酒师只是模仿之前供应的鸡尾酒：向后看，而不是向前看。

幸运的是，时代不同了，现代人饮酒关心质量、体验和见闻。现在喝酒的人更是以体验为主导，想邂逅意想不到的味道。一些酒在入口的刹那，能够改变他们对挑战性原料的认识，引起他们的兴趣。当我调出一款新品鸡尾酒时，最大的乐趣就是这些"原来如此"的时刻，看着顾客在品尝第一口酒后的短短几秒钟，表情从期望到惊讶再到兴奋。饮酒终究是让人逃避现实的消遣，无形之酒高于庸常琐事。

我希望你在这本书中可以找到既能抓住你的感官又能点燃你的创造欲的酒。其中一些酒非常简单，另一些酒很出色（不过可能需要多一点努力），但是和所有酒一样，基本方法总是相同的。我的目标是手把手地教你创新，让你在创意从何而来这点上有所启发。毕竟人们常说细节决定一切。

不管你是照搬我的配方，还是根据这些配方进行创新，我都希望你在这本书中有新鲜刺激的体验，享受调制这些酒的过程。要记得，没有任何一个配方被证实能够调出完美的酒。根据个人喜好试验各种计量和比例，必要时对酒和配方进行调整。没有失败一说，每一次失误都是向成功又迈进了一步，但不要轻言放弃。保持怀疑的态度并坚持记录你的发现，写下所有的想法，哪怕那些没有成功的想法。你从来不知道你会在哪个场景、闻到哪个气味或者哪个瞬间，碰撞出新的火花。

最重要的是，创造一些不同的东西。

里奇

熟悉味道

这本书开始之前，我想通过测试说明嗅觉的重要性及其与味道的关系。这个小练习不仅很好，而且突出了为什么在上酒时搭配（味道）合适的装饰菜比美观更重要。

我相信每一位读者都曾得过感冒，毕竟被称为"普通"感冒也是事出有因。鼻塞糟糕极了：一直擤鼻涕，没一会儿又堵了。接下来味觉失灵。面包和汤变得淡然无味，茶香不再，饼干也是干巴巴的。尽管令人不悦，但味觉失灵极其正常，也很容易解释。

那么测试来了：试着夹住鼻子，然后把食物放到嘴里。平时品尝到的味道没有了。这就是鼻子至关重要的原因，也解释了我们在感冒鼻塞时为什么觉得食物不好吃。

味觉限于五种——咸、苦、酸、甜、鲜，这些都可以用来描述酒。这些味觉与生俱来，虽然舌头有成千上万个味蕾用来辨别这些味觉并做出回应，但是我们通过嗅觉感受到的味道是主观的，因而是一种很强大的人体功能。嗅觉取决于个人偏好，存在个人差异。简言之，没有嗅觉的功能也将受限。

嗅球组织嗅细胞的方式就和视网膜组织中呈现视野一样，继而通过视神经向大脑发送信号的方式一样。嗅觉是唯一直接与大脑边缘系统相连的感觉，这个系统负责唤醒记忆、情绪和感知。这种直接联系赋予了嗅觉权利，这就是我们为什么对美味可口的食物有着强烈的情结。

我爱食物，也爱吃。这既是因为每一口食物都充满了味道，也是因为我们吃饭的环境——什么地方、什么时间、和谁一起。或许正因为如此，我在调制鸡尾酒时就像厨师烹饪食物一样，十分关注味道。

这个过程非常简单。从一个基础味道、一支笔和一张白纸开始，然后搭配其他原料，这个过程被称为"味道跳跃"。这听起来可能过于简单，但是相信我，如果对食物有效，大部分情况下对酒也有效！随后，我会寻找能够连接两种或两种以上味觉的原料，这些被称为"搭桥味道"。接下来，我才开始考虑大多数人眼中的重头戏——选择烈性酒或利口酒。这对我来说是一种搭桥原料，用来凝聚几种味觉，并让我为一款鸡尾酒选择合适的烈性。

调制一种酒不只是把酒倒进杯子里。我认为每一种酒都是一个经历。从列入菜单或提供描述的一刹那开始，我们就在影响着人们的反应以及对这款酒的认识。从上酒的方式到盛酒的容器、重量，再到颜色和温度都应该考虑到，毕竟第一印象只有一次。

一款酒的口感和质感也很重要，我喜欢不断研究如何改善体验，让人更加享受。因此，我常常混淆调酒的界限，肆意把玩，不过我总是确保基础味道的品质。诀窍在于不要远离鸡尾酒的基础，要创造令人震惊却美味可口的东西。

没有人是为了解渴才喝鸡尾酒。我们喝鸡尾酒是为了远离日常生活，让自己去感受体验。一杯好的鸡尾酒既是一种奢侈，也是一种逃脱，并且应该配得上这些标签。

关于配方

本书中配方的难度分为五星，在每一个配方中都明确标了出来。有很多配方要求你给原料注入味道，这不需要多少努力，只需要一点耐心。再说一次，每一个配方也明确标出了准备时间（包括准备浸液的时间）。

我是根据最长浸泡时间提供的建议。如果你不喜欢味道太重，可以缩短浸泡时间。最好的做法是边做边尝。

本书中大部分的配方都可在家完成，不过大多数确实需要提前准备。给烈性酒注入味道的方法有好几种（详见第22-23页），如果没有本书推荐的器具（比如真空包装低温烹饪设备），你也可以通过其他方法达到类似效果（不过味道不太浓）。

在"打破常规"一章（详见第125页）中的配方是书中最难的部分，如果没有十分昂贵的蒸馏设备和蒸馏酒的执照，是无法在家实现的。这一章很短，但是囊括了我的最具标志性的配方，所以我想保留这一章，全面展现我的创新过程。

只要条件允许，我就不会指定使用哪个品牌的酒，任何中性味道的酒都可以。而在某些情况下，如果我确实觉得某种酒的香味非常符合某款鸡尾酒，而且能提升最终的效果，我会在原料列表中给出具体品牌。究竟想不想多花些力气（和金钱）去买这些酒，完全取决于你，只是不这么做的话，味道会不完全一样。

关于蒸馏的法律法规因国而异，哪怕你不打算出售你的蒸馏酒。在开始蒸馏之前，请查阅当地的法规。

茴香菲士

蒸馏

真空包装与低温烹饪

加入原料的冰块

过滤器

微量天平

基础知识

主要工具

虽说手艺好的人从来不会怪自己的工具不好用，但若不投资于未来，就不是一个好的手艺人。当今时代，大街上充斥着各种物美价廉的商品，我们没有理由不准备优质的器具。不过优质未必是高价，选择很多，可逛的地方也很多。购买器具不应超出预算，可以每周或每月逐渐添加。

在网上搜索一下，能看到各种各样的器具，从最基本的摇酒壶到款式新颖的吸管，样样俱全。也能找到几十年前的复古酒具，这些往往稍贵一些，不过这会是一个很好的谈资。就我个人来说，我一直觉得鸡尾酒王国公司（Cocktail Kingdom）的产品不错。他们提供数百种酒具，可以运往世界各地。

受邀进行示范或者录制视频来展现哪些酒适合在家招待客人时，我常用街上买来的器具。我想强调的是这些物美价廉的器具很好买。并不是非得由酒吧的专业人士才能调出漂亮的鸡尾酒，很多主流的商场也出售在家招待用的全套用具，包括摇酒壶、量酒器或量杯、搅拌器、吧勺、冰块模具。面对五花八门的器具，哪些是必要的呢？

笔记本和笔

纵观我的装备库，只有笔记本和笔陪我去过所有地方。从味道组合的想法到新的浸液或技巧，灵感无处不在，只要有任何念头冒出来，我都必须记录下来，否则可能会一去不复返。灵感可能在最不合时宜的时间出现，不管是上班路上闻到了一种与众不同的香味，走在街上灵光乍现，还是外出就餐时品尝了一种异乎寻常的味道组合，每一次我都会拿出本和笔来，记录下所有的想法和试验，哪怕是那些失败的（这样你就不会再重蹈覆辙）。

冰块模具

说穿了，糟糕的冰块做不出好的鸡尾酒。不管你是热衷于在家调鸡尾酒的爱好者，还是专业的调酒师，上好的冰块模具在用具中至关重要。

模具形状不同、大小不一，从标准的方形到完美的球形不等。从亚马逊到厨房用品商店都可以买到这些模具，漂亮的冰块可以让酒更得人心！（关于冰块更多内容详见第30页）

摇酒壶

多亏了很多生活、时尚类杂志，现在我们可以见到各种金属材料制成的不同款式的摇酒壶——从经典的不锈钢到镀铜、镀金等应有尽有。经典的三件套或英式摇酒壶是收集酒具的一个不错的起点，毕竟它们包含了各种尺寸。我个人喜欢两件套。单件或者结实的不锈钢两件套摇酒壶就很好，可靠耐用，也可兼作搅拌器使用。不要用摇酒壶过滤酒，也不要把摇酒壶放进另一个摇酒壶中。

过滤器

过滤器的好坏决定了能否调出一杯界面分明的鸡尾酒。虽然它看似微不足道，但是千万不能低估一个好的双层过滤器的重要性，不过起关键作用的还是精准秤和酒具。好的过滤器足以去除摇晃酒时留下的碎冰，却不会消除气泡进而影响质感。和其他器具一样，过滤器也是一分钱一分货。

单层过滤器或霍桑过滤器（扁头，有一圈弹簧的过滤器）

单层过滤调和酒至关重要，但很难进行双层过滤（我确实见过有人这么做）。用干摇法制作加蛋清的酒时，可以把过滤器的弹簧拆下来当搅拌器用，增强充气效果。

双层或细筛过滤器（有网眼的过滤器）

廉价的过滤器通常网眼过密，影响鸡尾酒的口感，所以请绕行。选择中等网眼、大小适中的过滤器，足以过滤不需要的碎冰、水果残渣、果皮和果籽，同时保证充气效果。

鞠丽普（julep）过滤器（打孔的碗状过滤器）

在吸管还没有发明出来的时候，这种过滤器常用来调制颇受欢迎的鞠丽普鸡尾酒，能过滤碎冰和碎薄荷。现在常用于调制调和酒。

我个人偏爱霍桑过滤器，它基本能够同时满足这三种需求。

吧勺 [1]

从明显的搅拌、搅动到分层、计量和点缀等很多技巧都会用到吧勺。吧勺是调酒师的必备品。一些人可能拿硬币状或盘状的扁头勺或者三叉戟式的叉子来取橄榄或洋葱。值得注意的是，由于不同的样式或者产地不同，存在 2.5 ～ 5 毫升不等容积的吧勺，调制精准量或比例的酒时，差 1 毫升也不行。

量酒器或量杯

你有没有喝过直接从瓶里倒出来的调制失败的马天尼或者曼哈顿？计量精确与否事关成败。在调制曼哈顿或尼克罗尼酒时，我常常需要大量的酒。按比例放大配方时，更容易称量少量的原料。

就量酒器或量杯而论，我选择双头的。根据所在国家，选择 25 毫升或 50 毫升。

请确保称量时符合配方要求。如果一个配方明确要求称量结果，那就这么做。

榨汁机

不管是手动式肘推榨汁机还是更传统的柑橘挤汁器，为一个人调酒可以，但人多了就不行了。本书中的一些配方需要的果汁量比较大，如果用手动榨汁机，榨完一定会手腕酸痛。这种情况下，建议使用电动榨汁机。

搅拌棒

搅拌棒的用法和样子与杵臼很像，主要用来制作柑橘类水果榨汁时，提取果皮中的油脂，也可用来捣碎香料、榨汁。建议选择一端是硅树脂的实心搅拌棒。木制搅拌棒会产生碎屑，也很难清洗，所以最好避免使用。

1　以下配方中使用的是欧洲标准的扁头吧勺。一吧勺是 3 毫升，相当于标准的一茶匙。

01

02

03

04

05

06a

06b

07

08

刀具或削皮刀

你有没有问过厨师，他们的刀用了多久了？问问去。他们的回答可能会让你大吃一惊。一把好刀可能和一双名牌运动鞋一样贵，但使用的时间却长多了。不过不必一口气花巨资购买太多，你可以慢慢收集，随着热情和技能的提高来升级你的刀具（我们开始培养一个爱好时，往往会花掉一大笔钱，结果半年后这些昂贵的物品只是堆在柜橱里面落灰）。刚起步时，我必须拥有以下刀具：

削皮刀

用于包括去皮在内的大部分工作。

主厨刀

用于切开体积较大的原料，尤其是较大的水果和蔬菜。

沟槽刀

用于制作维斯帕鸡尾酒中长长的螺旋状橙皮或柠檬皮。选择一个有磨碎功能的沟槽刀，便于刮去果皮上的果肉。

杯具

上乘的杯具一直很重要，可以让你的酒有一种特殊的触感。虽然市面上形状不同、大小不一的酒杯数不胜数，但是本书大部分配方使用以下酒杯。

我为每个配方都推荐了一种酒杯，不过不要觉得一定要外出购买新酒杯才能调出这些酒。如果你确实想采纳我的建议，请参考 170 页推荐的供应商。

 锥形杯或大号马天尼杯（220 ~ 240 毫升）

 小号马天尼杯（130 ~ 150 毫升）

 葡萄酒杯

 香槟杯

 品酒杯或烈酒杯

 科林杯（300 ~ 325 毫升）或者高球杯（350 ~ 400 毫升）

 洛克杯或古典杯

 圣代玻璃杯

补充用具

随着鸡尾酒调法的不断创新，我们越来越有必要补充一些更专业的工具。以下器具用来实现浸泡和蒸馏，是我的鸡尾酒配方中的核心部分。这些工具通常用来调制鸡尾酒的基本原料，而不是在搅拌酒时。

蔬菜榨汁机

用于大量的蔬菜或水果榨汁，比如芹菜、黄瓜、南瓜或苹果。

浸液罐或可密封容器

这种容器对浸液和保存大量鸡尾酒至关重要，也可用于存放原料和干货。

吸管瓶

用于给调制品加入苦味剂、溶液、酊剂等配料。

天平

显然是为了称重。除了普通的电子秤之外，也可考虑购买一套微量天平，最低称重 0.1 克，便于携带。

量瓶或量罐

如果你有超出普通量杯的称量范围的大量鸡尾酒和混合配料，就可以用到量瓶或量罐。我的工具箱里有 250 毫升、500 毫升和 1 升的量瓶。

磨碎机

用于磨碎坚果和肉豆蔻，小型磨碎机是一种很不错的补充用具。

漏斗

可用于快速过滤，也可放入平纹细布或咖啡滤纸来过滤浸液。

奶油发泡器

发泡器利于快速注入气体，用一氧化二氮把小气泡注入小罐子，可以将固体原料或原料的味道注入你想要的液体中。

大滤网或漏勺

它们和普通滤网一样，只是更大一些。制作大量鸡尾酒或放大规模和比例时，漏勺和大滤网非常有用。

搅拌器

如果需要在过滤之前有节奏地加工大量原料或者调制冰冻戴吉利鸡尾酒，搅拌器是个很好的工具。

就我个人而言，我喜欢弹头式搅拌器，因为多个小刀片可以方便快速地切碎坚硬的原料。

手持式或浸入式搅拌器

用于调和用量较小的原料，功能比普通搅拌器多且便于携带。

平纹细布或咖啡滤纸

一般过滤时，我常使用咖啡滤纸或者平纹细布衬里滤网（过滤器）。过滤小颗粒时，我用 100 微米的滤袋和无吸收性的尼龙滤器，主要用于调制浓郁透明的高度酒和澄清型果汁。

冰滴咖啡壶

冰滴咖啡壶分为三层，用来调节滴入新鲜咖啡粉的水流速度，最后落入咖啡容器中。我用冰滴咖啡壶来做芮斯崔朵尼克罗尼（详见第83页）。

烘干机

通过脱水去除水分的台式机。用于给柑橘酱饼或西红柿片脱水，制作糖分较高的利口酒时也可使用，比如金巴利酒。

真空机

用于密封之前抽掉真空包装中的空气。这会增加酒与浸泡物的接触面积，能够产生更好的相互作用。真空包装袋也保证你想添加的味道不会散发掉。

恒温水浴锅

看完本书的配方后，你会注意到我经常使用真空低温烹饪法。把真空包装袋放到恒温水浴锅内，利于控制水温，可精确至0.1摄氏度，避免酒或味道被高温破坏。

旋转蒸发仪

这种仪器原本主要在化学实验室中使用。但近些年来，厨房和酒吧也用得越来越多。旋转蒸发仪利用真空控制气压，并通过蒸发高效温和地去除溶剂和蒸馏物。本书第154页提供了关于真空蒸发的更多信息。

调制方法

摇和法

摇和的方法因人而异，最好的建议是采用你觉得最舒服的方法。只要有足够的冰、用足够的力气摇晃并且摇够相应时间，就能调出一杯充分摇晃的鸡尾酒，温度约在 -7 ～ -5 摄氏度。10 ～ 12 秒后，你的酒会达到所谓的热平衡，此时你的酒不会变得更冰（除非用来调制的酒和酒杯都曾冷冻过）。

摇晃酒可以给酒充气，这个动作产生的气泡可以增加酒的质感。所以调完之后，必须尽快过滤、上酒。

干摇法

这是进行摇和法之前的一种摇法，不加冰，通常加入鸡蛋或奶油，先干摇乳化混合各种原料，然后再加冰摇晃。你可以把过滤器上的小弹簧当作搅拌器使用（切记用完之后清洗一下再装到过滤器上）。然后把优质的方形冰块加到摇酒壶中，再用摇和法。

也可以像平常一样，加冰摇晃所有原料。将调和物过滤后倒入摇酒壶一半的位置，丢弃冰块后进行干摇。这种做法称为"反干摇法"。但要记住，不管选择哪种方法，确保双层过滤。

调和法

和摇和法一样，调和法有两个好处。一是冷却，二是稀释。搅拌 30 秒后，最好立刻上酒。即便如此，我在调制马丁尼或曼哈顿酒时往往会多搅拌一会儿，因为我发现多搅拌 10 秒更能释放香味，不过这纯属我的个人观点。不管怎样，都要用足够的冰块，如果用摇酒壶的话，可以选择大点的，或放更多冰块，以防冰块融化进一步稀释酒。

对于诸如果汁这类需要使用调和法，但原料不是酒的配方，我的搅拌时间往往低于 30 秒，因为这个时间足以充分冷却饮品，且不会过度稀释。

过滤

浸泡完毕后，用以分离固体和液体，或者分离鸡尾酒中的冰块和果渣（详见第 14-15 页主要工具）。

搅拌

榨汁、击打或者轻轻捣碎一种原料，有利于稀释浓郁的香味和油脂。

兑和法

这种方法需要在一个玻璃杯中依次加入各种原料。这些原料往往需要混合在一起。

浸泡

浸泡是通过加入原料增添其他味道，改善最终的成品。最常见的是把水果或香料浸泡在烈酒中，保持一段时间。浸泡的时间取决于使用的原料类型及其释放味道的能力。浸泡的方法多种多样，每一种的结果各不相同。

标准浸泡

这是最便宜且最方便的浸泡方法，把一种原料放到一个不会产生化学反应的容器中，然后把酒倒进去，放置一段时间。味道充分注入后，就把原料过滤掉。

这无疑是最简单的浸泡方法，在组合原料和过滤之间不需要思考什么。虽然这种方法可能产生较好的结果，但是在其他复杂的方法之下，一些原料能够得到更好的发挥。

真空浸泡

真空浸泡与标准浸泡基本相同，只是使用了真空环境，将浸液密封到真空包装袋中。这么做的好处在于任何清淡的味道都不会散发掉，其他味道也不可能掺杂进去。全程无菌，酒和浸泡物能够更好地相互作用，产生更好的效果。

真空低温浸泡

这比真空浸泡又多了一步。真空低温烹饪法是将食物真空包装，然后放入恒温水浴锅中，严格控制温度，进行低温烹饪（关于真空低温烹饪器的更多内容，详见下文）。这种浸泡方法基本是在用水煮真空包装袋中的食物，温度精确在 0.1 摄氏度并且严格按照规定时间操作。这比真空浸泡更快，我觉得这个方法做出的味道最佳。

快速浸泡

顾名思义，这是一个快速的浸泡方式，使用了一氧化二氮和苏打虹吸瓶。往虹吸瓶内倒入液体——通常是酒，也有水或油，以及你选择的芳香的固体浸泡物，注意不要加满整瓶。通过给虹吸瓶加压，味道很快就注入到液体中了。压力也迫使液体注入固体中。放气时，固体释放小气泡和味道，最终味道就注入到液体中了。

澄清

越来越多的调酒师开始使用澄清法。这也是最简单的方法之一，不需要特殊器具，所以在家里很容易做，只需一点时间和努力。

澄清法的理念是通过分离液体和固体来澄清酒，从而做出近乎透明的美酒。为此，需要在酒中添加凝胶剂，使其中的纤维原料黏在一起，接着进行冷却。一旦冷冻，纤维混合物就会融化，再用一块布就可将其过滤掉，从而澄清酒。

就我个人而言，我认为澄清酒时，只用低温烹饪部分酒而非全部酒的效果最好。（琼脂等凝胶需要加热才能发挥它们的潜能）将浸液分为两半，把凝胶剂放到"煮过的"那部分，保证充分混合，然后关闭热源，把有温度的浸液与"冷却的"另一半混合。完全混合，冷却至室温后进行冷冻。

过滤

让液体（通常是浸液）流经一块密织布，去除固体。

脱水

这是一个为了烘干而去除原料水分的过程（关于脱水的更多信息，详见第 21 页补充用具）。

真空低温烹饪法

借助这个方法，你可以把含有各种原料的酒或其他食物真空密封，在精确的温度下进行低温烹饪。真空低温烹饪法也可以很简单：使用一个较大的平底锅，加水至三分之二处，加热并用温度探针监测水温。不过，专业的真空低温烹饪器更可靠，也更省力。真空包装允许你低温加热酒，且用时更短，从而控制进程并保留必不可少的味道。现在这些家用电器随处可得。

蒸馏和真空蒸发

旋转蒸发仪（详见第 21 页补充用具）是我使用过的最复杂的工具之一。虽然价格不低，却能产生迄今为止最佳的效果。你可以通过控制压力蒸馏含有各种混合物或原料的酒或其他一切液体。通过降低压力，可以控制混合物蒸发的沸点（关于蒸馏的更多内容，详见第 154 页）。

调和法

蒸馏和真空蒸发

真空低温烹饪法

过滤

储存干货

准备充分的调酒师所需要的不只是一套很好的工具箱和品种繁多的酒。储备充足的食品柜可以保证你在调制本书的大部分鸡尾酒时具备所需的必要材料。以下是一些入门的必备品。

糖

如果能把握好分寸，在调制鸡尾酒用些糖也不是件坏事。和苦味剂（详见第28-29页）、盐一样，糖和甜味剂也可以提升鸡尾酒的味道。

糖浆

糖浆是最基本的、较淡的甜味剂，糖和热水混合，直到糖全部溶解。虽然一些人喜欢高浓度的糖溶液，即糖和水的比例为2∶1，但是我喜欢1∶1的比例，本书所有配方中采用的都是这个比例。可以一次制作大量糖浆，冰箱冷藏可保质几周，随用随取。

想做糖浆的话，只要在平底锅中煮沸等比例的水和糖，不断搅拌，确保糖完全溶解在水中。然后关火冷却，倒入瓶中，冷藏保存，随用随取。

红石榴糖浆

用传统方法把石榴制成红色糖浆，不过在装瓶之前也可添加很多果色素和添加剂。自己做红石榴糖浆也很简单，还能控制所放原料。红石榴糖浆的比例与糖浆的配方相同，只是换成优质的石榴汁和糖（1∶1），加热直至糖溶解。

蜂蜜糖浆

对于需要一些色彩而不只是甜度的酒来说，蜂蜜糖浆是个不错的选择。我觉得用水来分离蜂蜜（仍然采用上述比例）利于混合蜂蜜和水。

龙舌兰

龙舌兰植物制成的糖浆非常适合调制龙舌兰酒和梅斯卡尔酒。

枫糖浆

这种糖浆由糖枫树的树汁制成，比普通的糖浆甜。只需1～3吧勺就足以为酒增加色彩。

酸性物质

调酒中只需几滴就能达到中和作用，形式多样，且由多种不同的原料制成。虽然只需一点点就可以给甜露酒增添一种涩涩的酸味，或给鸡尾酒增添一种发干的口感，但是使用时需要谨慎，如果一不小心加多了，就会彻底毁了一杯酒。

酒石酸

大部分植物很少含有酒石酸，但是葡萄中酒石酸的浓度较高。

柠檬酸

很多水果和蔬菜都有一定含量的柠檬酸，不过柠檬、酸橙、橙子和西柚等柑橘属水果中柠檬酸的含量最高。

苹果酸

食用大黄和葡萄等很多植物中都含有苹果酸，不过绿苹果中的苹果酸含量最高。

盐

盐不仅是舌头能感受到的五大味觉之一，也是一种很好的调味品，可以中和苦味，也能给甜的原料增加新的口感。调制鸡尾酒时，先把盐和水混合为盐水（盐和水的比例为 1：100）。只加一两滴就能大大改变酒在人们心中的印象。

乳化剂

乳化剂可以使两种或多种不相溶的原料结合起来，使其保持稳定。常见于商店购买的调料中，比如醋油沙司（醋中加油）或蛋黄酱（水中加油）。常见的乳化剂包括鸡蛋和大豆卵磷脂。

食用胶

食用胶在食物中能起到增稠增黏的作用，控制食物的形状和口感。食用胶最常用于制作果酱。如果你把昨天剩下的肉汁放在冰箱里，第二天早上就会发现肉汁凝结成冻，这就是食用胶在发挥作用。我用食用胶来增稠、澄清原料，从而浓缩味道。

琼脂

这个原料好用到让人们给它起了叠名（agar agar）。琼脂是从海藻中提取出来的，非常适合素食主义者（其成分与胶原蛋白制成的明胶不同）。琼脂的用途很多，不过我主要用它来澄清酒。

果胶

果胶是一种天然的增稠剂，常用于果酱、果冻等类似产品，起到增稠增黏的作用。果胶广泛存在于植物和水果的细胞壁上，加热时效果最佳。因此，制作凝胶或着色剂时，请确保在一定温度下进行（详见第 64 页"伊登鸡尾酒"或第 146 页"黑俄罗斯叛变"）。

苦味剂（调酒师的调料）

苦味剂最初用于制造汤力水、药品和兴奋剂，用来治愈各种小病小痛，现在则是很多酒吧中常见的一种原料。很多公司生产了各种味道的苦味剂，满足不同酒的需求。由香草、香料、水果和根茎制成的原始配方是个机密，不过市面上有一些制作精良的香料，只需一点就能改良鸡尾酒。虽然市面上出售的苦味剂五花八门，但是自己动手制作的苦味剂也别有一番风味。本书的鸡尾酒既使用了从商店购买的现成苦味剂，也用到了自己制作的苦味剂。

香草苦味剂

1 根香草荚，一剖为二然后切碎

4 克香草香精

60 毫升伏特加

把香草荚、香草精和伏特加置于不会产生化学反应的容器内，静置 24 小时。用咖啡滤纸或平纹细布衬里滤网（过滤器）过滤，收集液体。将液体倒入吸管瓶保存，随用随取。

干苦味剂

25 克桦树皮 *

100 毫升伏特加

把桦树皮和伏特加置于不会产生化学反应的容器内，静置 72 小时。用咖啡滤纸或平纹细布衬里滤网（过滤器）过滤，收集液体。将液体倒入吸管瓶保存，随用随取。

焦糖苦味剂

100 克精幼砂糖（精制白砂糖）

75 毫升伏特加

把精幼砂糖放到平底锅内，中火加热至深棕色，小心不要烧煳了。关火后缓慢加入伏特加。小火加热，不断搅拌至焦糖全部熔解。关火冷却，然后倒入吸管瓶保存，随用随取。

蔓越莓苦味剂

150 克蔓越莓，简单切一下

100 毫升伏特加

把蔓越莓和伏特加置于不会产生化学反应的容器内，密封静置 24 小时。用咖啡滤纸或平纹细布衬里滤网（过滤器）过滤，收集液体。将液体倒入吸管瓶保存，随用随取。

黄瓜苦味剂

2 克青瓜香精

60 毫升伏特加

　　充分搅拌原料，静置澄清，然后倒入吸管瓶保存，随用随取。

橙花油苦味剂

8 克晒干的橙子皮 *

100 毫升伏特加

　　将水浴锅设为摄氏 55 度，预先加热。把原料放入袋中，真空密封，然后放入水中，煮 45 分钟，取出冷却。用咖啡滤纸或平纹细布衬里滤网（过滤器）过滤，收集液体。将液体倒入吸管瓶保存，随用随取。

柑橘苦味剂

1 克食用柑橘香精

60 毫升伏特加

　　充分搅拌原料，静置澄清，然后倒入吸管瓶保存，随用随取。

黑豆蔻和菠萝苦味剂

3 颗黑豆蔻，轻轻压碎

100 克菠萝干 *

150 毫升伏特加

　　把所有原料放入袋中，真空密封。静置 24 小时，然后用咖啡滤纸或平纹细布衬里滤网（过滤器）过滤，收集液体。将液体倒入吸管瓶保存，随用随取。

可以网购干果或干果皮，也可在专业的香草和香料供应商处购买。

血色苦味剂

20 克绿胡椒

15 克烧烤撒料

2 克孜然

100 毫升伏特加

　　将水浴锅设为摄氏 50 度，预先加热。把原料放入袋中，真空密封，然后放入水中，煮 45 分钟，取出冷却。用咖啡滤纸或平纹细布衬里滤网（过滤器）过滤，收集液体。倒入吸管瓶保存，随用随取。

明确一点：关于冰块

冰块是鸡尾酒最关键的要素之一，不仅能够把酒冷却到最佳温度，而且可以起到稀释的作用。既然鸡尾酒中近一半是融化的冰块，那为什么不多关注一下你往酒中加入的冰块呢？在调和酒中，适量的冰块可以起冷却作用，不会过度稀释。在摇和酒中，碎冰渐渐脱离坚固的方形冰块，增加了酒的质感，能给酒充气，提升口感。

虽然便利商店会储备现成的小袋装冰块，但是往往是切过的小冰块，而且混浊不清，摸起来湿漉漉的。在我看来，优质冰块应该是干燥的，看上去或摸起来不潮湿。摇晃时的声响与众不同，说明足够坚硬。水晶般透明的碎冰或冰块立刻让你的酒变得独特非凡。

如果在家制作冰块，建议使用蒸馏水或白开水。制作冰块之前，确保把水放进冰箱冷却。这有利于排出水中的气泡，最终做出清澈透明、不含气泡的冰块。

方形冰块

这是你会使用到的最基本的冰块，不过仍然值得关注。制作方形冰块时，可以从网上购买硅树脂冰格盘。冰块一冻好，就立刻倒出冰块，放到可密封的袋子中，冷冻保存。可以重复使用模具制作大量冰块。

大冰块或球形冰块

虽然摇晃酒时较大的方形冰块或大冰块的充气效果和质感更好、冷却速度也更快，但是稀释效果不如小的方形冰块。大冰块适于尼克罗尼酒或古典鸡尾酒等需要时间慢慢融化的酒。制作这类酒时，我会先加入普通方形冰块进行搅拌，然后再倒入已经加了大冰块或球形冰块的酒杯中。

碎冰

台式手动碎冰机制作的雪花状的碎冰没有什么价值（不过非常适合做寿司），没有这个机器，你也能做出很好的碎冰：只需用一块布包住冰块，用擀面杖敲打。简单几下冰块就碎了，可以做芙莱蓓鸡尾酒或碎冰鸡尾酒。

干冰

干冰可以在酒中或酒杯周围产生烟雾的效果，常用来给食物保鲜，比如运输冰激凌时会使用干冰。气态的干冰就是人们熟知的二氧化碳。干冰之所以非常有效，是因为它可以达到比传统冰块更低的温度（－78.5 摄氏度）。当我想让酒更上一层但仍然保留传统的冰糕状黏稠度时，就会用压碎的干冰球代替液氮，把混合液瞬间冻结为冰糕或冰激凌。

花瓣、水果或香草方形冰块

这些简单有效的方形冰块在鸡尾酒或金汤力鸡尾酒中非常美观，但要确保你使用的花瓣都可食用。切记使用的所有原料都比水轻，因此按部就班地准备方形冰块，或者在加水之前务必把这些原料放入模具中，确保浸泡物不会漂到水面上。具体做法如下：

把花瓣、水果或香草放入模具中（我认为硅树脂模具的效果最好），然后注入冷却水至三分之一处。

放入冰柜冷冻，然后取出，再注入三分之一的冷却水（如果你认为需要的话，此时可以再放些花瓣或水果）。

放入冰柜冷冻，然后取出，再注入三分之一的冷却水继续冷冻，随用随取。

来自花园的灵感

泰式碎冰鸡尾酒

　　甜、辣、咸、酸，没有什么比浓烈的泰国风味更能唤醒你的感官，让你律动起来，哪怕是在最冷最阴郁的日子。这款酒的灵感来自我最爱的一道泰国菜——冬阴功汤。我在创造这款酒时想到了香茅、柠檬叶和辣椒这些充满活力的香味。加入碎冰搅拌后，这些经典的泰国原料混合让酒变得浓郁似火、提神醒脑。

制作原料

1 根香茅，去掉多余部分，留下茎干

4~5 片优质红辣椒切片

1 片柠檬叶，切成细条

一小撮香菜

50 毫升香菜金酒（详见第 156 页）

25 毫升糖浆

15 毫升柠檬汁

　　调这款酒时，要把香茅茎的根部切成 1 厘米的薄片，和辣椒片、柠檬叶及一小撮香菜一起放入酒杯底部。

　　倒入香菜金酒、糖浆和柠檬汁，加入碎冰至三分之一杯处。用吧勺搅拌冰块和原料，混合味道，然后加冰至酒杯三分之二处，再次搅拌。最后，加满冰，用香茅茎点缀，上酒。

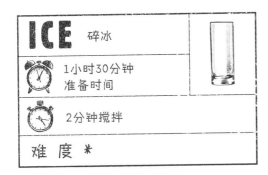

ICE 碎冰	
🕐 1小时30分钟 准备时间	
⏱ 2分钟搅拌	
难　度　＊	

清爽型飞行鸡尾酒

　　我在索荷区（Soho）上班的时候，常去当地一家小吃店（The Player），经常点几种用金酒调制而成的鸡尾酒，其中之一就是飞行鸡尾酒。几年前，我把它改良成了芬芳馥郁、口感更丰富的版本。使用了上等澄清型果汁，透明度很漂亮，凝聚了酒香和柑橘的香味。

制作鸡尾酒
60 毫升亨利爵士金酒

30 毫升澄清型西柚汁（见下文）

20 毫升糖浆（见第 26 页）

1 吧勺黑樱桃利口酒

8 ~ 10 滴柑橘苦味剂（见第 29 页）

8 滴柠檬酸

制作澄清型西柚汁
量为 750 毫升

750 毫升新鲜的葡萄柚汁

2 克琼脂

　　制作澄清型西柚汁时，向平底锅倒入 400 毫升西柚汁，中火加热，快沸腾时，慢慢倒入琼脂，搅拌至全部溶解。关火后倒入剩余西柚汁，静置冷却至常温，倒入不会产生化学反应的容器中，密封冷冻保存，静置 24 小时。

　　第二天，取出冷冻的西柚汁，慢慢融化，用平纹细布衬里滤网（过滤器）或咖啡滤纸过滤到大碗中。倒入瓶中，冷藏保存，随用随取。

　　制作鸡尾酒时，将所有原料放入摇酒壶或调酒罐，加入优质方形冰块至半杯处。用吧勺搅拌至冰凉，再次过滤至预先冷冻的小号马天尼杯中，上酒。

　　如果找不到优质的柑橘香精，可以尝试以下做法：准备 260 克柑橘，剥皮后将柑橘皮和 350 毫升金酒放入袋中，真空密封，水浴锅设为摄氏 48 度，煮 45 分钟。冷却后用滤网（过滤器）过滤。

ICE 方形冰块

24 小时准备

2 分钟搅拌

难 度 ***

烤红椒和血橙贝里尼

贝里尼鸡尾酒在家庭和露天派对中很受欢迎。我喜欢用应季食物，调和各种香味，替代传统的蜜桃。这个配方使用了血橙汁和红（甜）椒，二者天然带有甜味，相得益彰，红椒有淡淡的蔬菜味，可以避免过甜。如果你喜欢较甜的酒，调制完成后可以加一点糖浆，以满足你的口味。

制作鸡尾酒

65 毫升红椒混合配料（见下文）

65 毫升普罗塞克

制作红椒混合配料

量约 300 毫升

12 个红（甜）椒，对半切开，去除核籽

225 毫升水

50 ~ 75 毫升血橙汁，根据口味添加糖浆（见第 26 页）。

制作红椒混合配料时，先用高温预热烤架（烤箱）。把红椒放在烤盘上，带皮一面朝上，置于烤架下，烤至表皮起泡略焦。把红椒放入可重复封口的塑料袋中，静置 5 ~ 10 分钟，让表皮变松、红椒冷却。

冷却后，剥去红椒皮，并放入搅拌器中，加入 225 毫升水。搅拌成均匀的糊状，然后用咖啡滤纸或平纹细布衬里滤网（过滤器）过滤掉纤维。根据口味加入血橙汁，需要的话再加入糖浆增加甜味。然后倒入瓶中，冷藏保存，保质期 72 小时，随用随取（如果红色变淡，说明保存时间过长，则应弃之）。

制作鸡尾酒时，把红椒混合配料和普罗塞克倒入香槟杯中，轻轻搅拌混合。上酒。

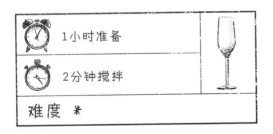

1 小时准备

2 分钟搅拌

难度 ＊

南瓜和克莱门氏小柑橘贝里尼

没有什么比南瓜的到来更能说明寒冷季节的来临。孩子（和成人）给南瓜刻上令人毛骨悚然的脸，并引以为豪，把它们放在门前和窗户的明显位置上，吓唬不知情的路人。创作完恐怖的杰作后，该怎么处理剩下的南瓜芯呢？南瓜色彩鲜艳，甜甜的果肉在这款应季贝里尼酒中完全可以替代传统的水果。把这款经典的威尼斯鸡尾酒改良成酒精度数较低、明亮朴实的风格，最适合在万圣节派对上享用。

制作鸡尾酒

60 毫升南瓜和克莱门氏小柑橘汁（见下文）

10 毫升黑粟利口酒

1 吧勺蜂蜜糖浆（见下文）

65 毫升普罗塞克

制作南瓜和克莱门氏小柑橘汁

量约 300 毫升

1 颗小南瓜（约 700 克），去皮并把果肉切碎

8 ~ 10 个克莱门氏小柑橘，榨汁

制作蜂蜜糖浆

量为 100 毫升

50 毫升稀蜂蜜

50 毫升开水

制作南瓜和克莱门氏小柑橘汁时，用电动榨汁机把准备好的南瓜榨汁，收集南瓜汁。用滤网（过滤器）过滤到大量杯中，去除残渣。记录一下南瓜汁的量，然后再倒入一半这个量的克莱门式小柑橘汁。搅拌混合，倒入瓶中，冷藏保存，保质期 48 小时，随用随取。

制作蜂蜜糖浆时，把蜂蜜和水倒入小壶或小碗，混合至蜂蜜全部溶解。静置冷却至室温，冷藏保存，随用随取。

制作鸡尾酒时，把南瓜和克莱门氏小柑橘汁、黑粟利口酒和蜂蜜糖浆倒入调酒杯或调酒罐中，搅拌混合。然后倒入香槟杯中，浇上普罗塞克，轻轻搅拌混合，上酒。

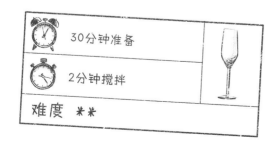

30分钟准备

2分钟搅拌

难度 **

皮诺葡萄桃子斯马喜

嗯……桃子！不管是烤后加入冰激凌中，用在芳香的鸡尾酒中，还是生吃时桃汁流过下巴，任何场合下，桃子都能带来缕缕阳光和夏日的活力。这款酒非常简单，很适合露天派对和野餐。酒精含量较低，不想喝醉的话，也是午后小酌的最佳选择。茶中的单宁是桃子和薄荷的最佳搭档，同时有利于平衡甜度。

制作一杯酒
75 毫升皮诺酒

25 毫升桃子酒

2 滴柠檬苦味剂

1 枝薄荷

15 毫升茶糖浆（见下文）

四分之一颗桃子

制作 10 ~ 12 人的酒
750 毫升皮诺酒

250 毫升桃子酒

20 毫升柠檬苦味剂

5 枝薄荷

150 毫升茶糖浆

1 颗桃子，切成楔形

制作茶糖浆
量为 250 毫升

250 毫升糖浆（详见第 26 页）

4 袋格雷伯爵茶

制作茶糖浆时，把糖浆倒入平底锅，中火加热，煮沸后关火，把茶放到平底锅里。搅拌让茶香融入糖浆，静置冷却至室温。冷却后取出袋茶，将带有茶香的糖浆倒入瓶中，冷藏保存，随用随取。

制作鸡尾酒时，把皮诺酒、桃子酒和柠檬苦味剂倒入大葡萄酒杯。用手轻拍薄荷，释放香味，放入杯中。加入茶糖浆和桃子，最后加入优质方形冰块。使用吧勺搅拌至充分混合、待冰凉。上酒。

ICE 方形冰块

1小时准备

2分钟搅拌

难度 ＊

为多人调制这款酒时，只需把所有原料放入加好方形冰块的大碗或大壶中。搅拌混合味道，然后倒入酒杯。

日式甜椒卡布琳娜

　　卡布琳娜是巴西的国民鸡尾酒，混合了酸甜的味道，加上卡莎萨酒和碎冰搅拌。这款酒是为寿司桑巴餐厅（SUSHISAMBA）的伦敦和纽约分店而创制。除了自有的香味之外，日式甜椒也增添了泥土的香味，进一步提升了卡莎萨酒的味道。10 个日式甜椒中大约有一个是辣的，所以有一种玩俄罗斯轮盘赌博的感觉，这款酒适合与朋友共饮。

制作鸡尾酒
半颗酸橙，切成 3 片楔形，再切 1 片点缀用
2 块方形红糖或者 15 毫升红糖糖浆（见下文）
6 根大小适中的日式甜椒，烤至略焦后放凉
60 毫升卡莎萨酒

制作红糖糖浆
量为 300 毫升
150 毫升水
150 克红糖

　　制作红糖糖浆时，平底锅加水，中火加热至快沸腾时加入红糖，搅拌至全部溶解。关火，静置冷却至室温，然后倒入瓶中，冷藏保存，随用随取。

　　制作鸡尾酒时，把酸橙片放入古典杯底部，加入红糖或红糖糖浆、5 根烤过的甜椒和一半卡莎萨酒。使用搅拌棒释放酸橙和甜椒的油脂并且分解红糖。倒入剩下的卡莎萨酒，上面加上碎冰至三分之二杯处。用吧勺搅拌，混合味道。需要的话，再加上一些碎冰，用一片酸橙片和一根甜椒点缀。

松针阿佩罗

没有什么比解渴的阿佩罗鸡尾酒更提神的了。这个配方中，松针的独特香味中和了阿佩罗的浓烈，普罗塞克让酒变得清新明亮，最适于夏季傍晚饮用。

制作鸡尾酒

50 毫升松针泡过的阿佩罗酒（详见第 156 页）

50 毫升苏打水

50 毫升普罗塞克

血橙切成楔形，点缀用

制作鸡尾酒时，使用大葡萄酒杯，加入优质的方形冰块至三分之二杯处。依次加入松针泡过的阿佩罗酒、苏打水和普罗塞克，然后用吧勺搅拌至完全混合且冰凉，最后用血橙点缀。

ICE	方形冰块
⏰	2小时准备
⏱	2分钟搅拌
🍶	浸液： 松针泡过的阿佩罗酒
难度	✳✳

如果找不到食用松针香精，可在制作浸液时加入 125 克松针。切记使用前清洗一下。浸泡和准备方式与第 156 页描述的一样。

牛油果巴提达

巴提达酒常用水果和奶油调制而成，是巴西工人的传统饮品。这款特级酒没有添加奶制品，牛油果的黄油质感与巧克力、开心果糖浆的淡淡苦味形成对比，达到完美平衡。这款酒和日式甜椒卡布琳娜都是为寿司桑巴餐厅而创制。

制作鸡尾酒
50 毫升卡莎萨酒
50 毫升牛油果泥（见下文）
20 毫升开心果糖浆（见下文）
1 茶匙莫扎特巧克力伏特加
薄荷枝，点缀用

制作牛油果泥
量为 300 毫升
5 颗牛油果，去皮后把果肉切碎
125 毫升水

制作开心果糖浆
量为 500 毫升
125 克去掉壳的开心果，简单切一下
500 毫升糖浆（详见第 26 页）

制作牛油果泥时，把牛油果肉和 125 毫升水倒入搅拌器，搅拌至均匀糊状，倒入挤压瓶或者密封的不会产生化学反应的容器中，冷藏保存，随用随取。

制作开心果糖浆时，把开心果和糖浆倒入搅拌器，搅拌至细腻均匀，然后用细滤网（过滤器）过滤掉残渣，倒入瓶中，冷藏保存，随用随取。

制作鸡尾酒时，往大高球杯中加入碎冰、卡莎萨酒、牛油果泥、开心果糖浆和巧克力伏特加。用吧勺搅拌原料至完全混合且冰凉，并用薄荷枝点缀，上酒。

ICE 碎冰

25分钟搅拌

2分钟搅拌

难度 **

橙子罗勒菲士

罗勒和杏可能是不太常见的组合，不过在水果沙拉上放几片罗勒叶，你会发现不太可能的组合创造了奇迹。这款令人愉悦的夏日饮品酒精含量低、清新活泼，最适于在漫长的夏日与朋友共饮。

制作鸡尾酒

8～10 片罗勒叶，撕碎

35 毫升苦橙花金酒（详见第 156 页）

15 毫升布里奥泰杏子酒

15 毫升糖浆（详见第 26 页）

50 毫升普罗塞克

罗勒枝，点缀用

制作鸡尾酒时，把所有罗勒叶、苦橙花金酒、杏子酒和糖浆放入摇酒壶，加入优质的方形冰块。用力摇晃至冰凉，双层过滤至含有方形冰块的酒杯中。倒入普罗塞克，轻轻搅拌至混合，需要的话可以再加一些新鲜冰块，用罗勒枝点缀，上酒。

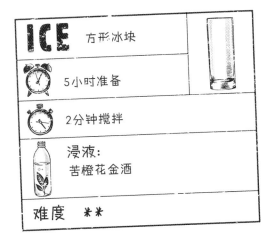

花粉鸡尾酒

这款色彩亮丽、度数较低的鸡尾酒芳香四溢，富含莳萝的味道，又保留了淡淡的花香。现在雪利酒渐渐复兴，很适合作为开胃酒，它也是橄榄、坚果、面包和黄油等餐前点心的最佳搭档。我喜欢雪利酒与众不同的干涩，创造这款鸡尾酒时，我想在提升香味的同时尽可能地保留原有风味。

制作鸡尾酒

35 毫升莳萝花粉泡过的雪利酒（详见第 156 页）

15 毫升接骨木花水

75 毫升普罗塞克

1 吧勺糖浆（可不选，详见第 26 页）

把莳萝花粉泡过的雪利酒、接骨木花水和普罗塞克倒入香槟杯中，搅拌混合。品尝后如果需要，可以加入糖浆增加甜味，上酒。

花粉鸡尾酒

纯贞茴香菲士

在这款不含酒精的饮品中，茴香独一无二的香味容易让人想起略带甜味的甘草和茴芹，与接骨木花和小茴香的香味相辅相成。

制作鸡尾酒

50 毫升茴香水（见下文）

25 毫升莳萝糖浆（见下文）

15 毫升柠檬汁

1 吧勺接骨木花水

35 毫升苏打水

茴香叶，点缀用

制作茴香水

量为 250 毫升

2 棵茴香，洗净切碎

制作莳萝糖浆

量为 250 毫升

75 克莳萝

250 毫升糖浆（详见第 26 页）

制作茴香水时，要先把茴香放入电动榨汁机，然后收集茴香水，再用平纹细布衬里或者茶巾过滤，倒入瓶中，冷藏保存，随用随取。

制作莳萝糖浆时，将水浴锅设为摄氏 45 度，预先加热。把莳萝和糖浆放入袋中，真空密封，然后放入水浴锅煮 45 分钟。取出冷却，用咖啡滤纸或平纹细布衬里滤网（过滤器）过滤，倒入瓶中，冷藏保存，随用随取。

制作鸡尾酒时，混合除苏打水之外的原料，加入优质方形冰块，摇晃，然后双层过滤至加了新鲜方形冰块的酒杯中。最后倒入苏打水，充分搅拌混合，可根据需要再加一些新鲜冰块。用茴香叶点缀，上酒。

ICE 方形冰块

1小时准备

2分钟搅拌

难度 ＊＊

在制作莳萝酒时（加一点利口酒），何不加入一两杯泡过的金酒呢？75克切碎的莳萝加350毫升金酒，使用真空低温烹饪法，将温度设为摄氏50度，煮45分钟，随后过滤。

甜菜根和巧克力皇家鸡尾酒

说实话，甜菜根（甜菜）不是我最爱的蔬菜。然而，作为利口酒或鸡尾酒的基础味道，甜菜根有一种泥土的香味，与润滑略苦的坚果或巧克力是完美的搭配。这款鸡尾酒中的利口酒有效地利用了这个味道组合，是经典皇家鸡尾酒的一大变体。

制作鸡尾酒

35 毫升甜菜根和巧克力利口酒（详见第 157 页）

90 毫升香槟

制作鸡尾酒时，把利口酒倒入香槟杯底部，再倒入香槟。轻轻搅拌，混合原料，然后立刻上酒。

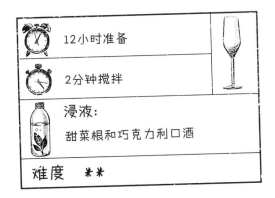

12小时准备	
2分钟搅拌	
浸液：甜菜根和巧克力利口酒	
难度 ＊＊	

如果你想突出甜菜根（甜菜）的味道，制作利口酒时可以把甜菜根的用量增加到 35 克。

酸橙三饮

酸橙给所有饮品加入了提神醒脑的柠檬酸，不过在这款酒中它却转化成为三种截然不同的味道，为此我非常兴奋。果汁和果皮是我们熟悉的酸橙的味道，但是酸橙叶浸泡过的金酒含有一种微妙的香味，会让人流连忘返。这款酒可以喝很长时间，适合在酒吧慢慢品味，与朋友共饮最佳。

制作鸡尾酒
35 毫升卡菲尔酸橙叶金酒（详见第 157 页）
35 毫升酸橙皮饮料（见下文）
35 毫升蛋清
20 毫升酸橙汁
苏打水，最后润饰用
酸橙叶粉，点缀用

制作酸橙皮饮料
量为 500 毫升
4 个酸橙的皮，榨汁
500 毫升糖浆（详见第 26 页）
1 克柠檬酸粉

制作酸橙皮饮料时，将水浴锅设为摄氏 45 度，预先加热。轻轻划开酸橙的外皮，以便于释放其天然的油脂，随后和糖浆一起放入袋中，真空密封，然后放入水浴锅煮 45 分钟，取出冷却。用细滤网（过滤器）过滤，加入柠檬酸搅拌至全部溶解，倒入瓶中，冷藏保存，随用随取。

制作鸡尾酒时，将除苏打水之外的原料倒入摇酒壶，先不加冰干摇。然后加入优质方形冰块，再次摇晃至冰凉。双层过滤至加了方形冰块的科林杯中。倒入苏打水，加一点酸橙叶粉点缀。

如果没有制作浸液的奶油发泡器，只需将酸橙叶撕碎，加入金酒，置于不会产生化学反应的密封容器中，静置 4 小时以上，然后过滤保存。

大黄和莳萝斯皮特（Spritz）

小时候，我不怎么喜欢大黄，除非裹上糖与蛋奶沙司搭配起来。现在，我逐渐爱上了这种色彩鲜艳的长茎菜。大黄刚上市时，看到超市货架上堆得满满的，我总是很激动。这款饮品不含酒精，加上莳萝赋予的茴芹籽味，酸甜可口，提神醒脑。

制作鸡尾酒

大黄和莳萝饮料（见下文），依据口味添加

65毫升苏打水

精心削的大黄皮，莳萝枝，点缀用

制作大黄和莳萝饮料

量为500毫升

550克大黄，切成2.5厘米的大块

60克莳萝，稍微切一下

500毫升水

200克精幼砂糖（精制白砂糖）

2克柠檬酸粉

制作大黄和莳萝饮料时，将水浴锅设为摄氏50度，预先加热。把大黄、莳萝和500毫升水放入袋中，真空密封，然后放入水浴锅煮45分钟，取出冷却。用平纹细布衬里滤网（过滤器）或咖啡滤纸过滤，加入精幼砂糖和柠檬酸粉，搅拌混合，倒入瓶中，冷藏保存，随用随取。

制作鸡尾酒时，往大葡萄酒杯加入优质方形冰块，然后倒入大黄和莳萝饮料。加入苏打水至三分之二杯处，然后品尝下味道和甜度。如果需要可以再加一些饮料或苏打水，上面再加一些新鲜冰块。杯中放入精心削好的大黄皮，上面用莳萝枝点缀，上酒。

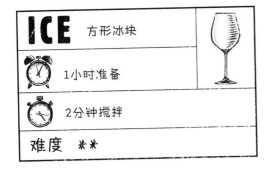

ICE 方形冰块

1小时准备

2分钟搅拌

难度 **

马鞭草斯皮特

我喜欢来点雪利酒，它干爽、芬芳、酒精含量低，很适合作为基酒，不应只用在血腥玛丽中，或者雪藏在酒柜里。按理说，这应该是一款季节性饮品，只限于柠檬马鞭草上市的那几个月，不过如果你想整年都喝的话，可以在很多不错的茶叶专卖店购买马鞭草干叶来制作这款饮品。

制作鸡尾酒
25 毫升缇欧佩佩（Tio Pepe）或者其他淡色干雪利酒

25 毫升柠檬马鞭草糖浆（见下文）

2 滴柠檬苦味剂

普罗塞克，用于搅拌

柠檬马鞭草茎，点缀用

制作柠檬马鞭草糖浆
量为 1 升

35 克柠檬马鞭草叶

1 吧勺柠檬酸粉

1 升糖浆（详见第 26 页）

制作柠檬马鞭草糖浆时，将水浴锅设为摄氏 55 度，预先加热。把马鞭草叶、柠檬酸粉和 1 升糖浆放入袋中，真空密封，然后放入水浴锅煮 1 小时，取出冷却。用细滤网（过滤器）过滤，倒入瓶中，冷藏保存，随用随取。

制作鸡尾酒时，往大葡萄酒杯中加入优质方形冰块至三分之二杯处。把雪利酒、柠檬马鞭草糖浆和苦味剂倒在冰上，再倒入普罗塞克，至酒杯三分之一处。用吧勺搅拌混合，再加入一些方形冰块和三分之一杯的普罗塞克。再次搅拌，用普罗塞克斟满酒杯。最后用柠檬马鞭草茎点缀，上酒。

ICE 方形冰块	
2 小时准备	
2 分钟搅拌	
难度 ★★★	

切记先用手掌拍打马鞭草茎，以便释放出马鞭草茎的香味。

松香菲士

这款提神醒脑的鸡尾酒非常适合在初春饮用，感受空气中弥漫的花香。松香与金酒的香味很配，接骨木花和柠檬的香味则进一步提升了松香。

制作鸡尾酒

50 毫升松针金酒（详见第 165 页）

3 吧勺接骨木花水

15 毫升糖浆（详见第 26 页）

15 毫升过滤后的西柚汁（见下文）

1 滴柠檬苦味剂

50 毫升苏打水

松枝，点缀用

制作过滤后的西柚汁

量为 300 毫升

在制作过滤后的西柚汁时，用平纹细布衬里滤网（过滤器）或咖啡滤纸过滤，倒入瓶中，冷藏保存，随用随取。

制作鸡尾酒时，大葡萄酒杯中加入半杯优质方形冰块，倒入松针金酒、接骨木花水、糖浆、过滤后的西柚汁和柠檬苦味剂，用吧勺搅拌冷却、混合味道，加入苏打水，再次搅拌。如果有需要再用冰块加满，用松枝点缀，上酒。

谨言慎行

味道和香气在品酒过程中至关重要，极易勾起回忆。儿时夏天的傍晚，我常常在院子里吃晚饭。至今我仍然可以闻到那些花草的香味，这是我最幸福的记忆之一。金酒和汤力水这种简单却令人印象深刻的新做法就来自那段时光。

制作鸡尾酒

50 毫升豌豆泡过的金酒（详见第 157 页）

75 毫升汤力水

大块薄荷，点缀用

往高球杯中加入方形冰块，倒入豌豆泡过的金酒。用汤力水斟满，用大块薄荷点缀，上酒享用。

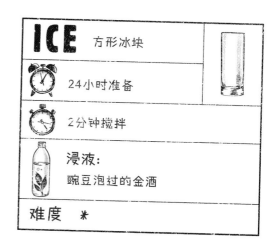

建议上酒时告诉饮者，这款酒没有配吸管，因为薄荷的香味和金酒的味道同样重要，应该整杯饮用，如此就可以嗅到薄荷的香味。

香芹吉姆雷特

　　我在这款酒的改良上花了很多心血。每一次觉得终于研制出完美配方时，过后都会再次拿起，发现需要继续改进。所有调酒师读到这里，对这种无限接近完美所带来的失落感肯定都能感同身受。话虽如此，尝试过的人都表示很喜欢，所以我把它交给你，由你来决定。

制作鸡尾酒
35 毫升亨利爵士金酒

35 毫升澄清型芹菜汁（见下文）

4 滴芹菜苦味剂

3 吧勺糖浆（详见第 26 页）

1 吧勺柠檬酸溶液（见下文）

芹菜皮，点缀用

切记酸性物质有较强的转化能力，仅仅几滴即可完全改变酒的味道。

制作澄清型芹菜汁
700 克去掉叶的芹菜茎

5 克琼脂

制作柠檬酸溶液
35 克柠檬酸粉

50 毫升伏特加

　　制作澄清型芹菜汁时，使用电动榨汁机榨汁（约 700 毫升）。然后把芹菜汁倒入平底锅，中火加热，快沸腾时，慢慢加入琼脂，搅拌至溶解。关火后冷却至室温，倒入不会产生化学反应的容器中，密封冷冻保存 12 小时。

　　第二天，取出冷冻的芹菜汁，慢慢融化时，用平纹细布衬里滤网（过滤器）或咖啡滤纸过滤到大碗中。倒入瓶中，冷藏保存，随用随取。

　　制作柠檬酸溶液时，加入柠檬酸粉和伏特加，搅拌至完全混合。倒入装苦味剂的瓶子中，随用随取。

　　制作鸡尾酒时，把所有原料倒入调酒杯或调酒罐中，加入优质方形冰块至三分之二杯处。用吧勺搅拌至冰凉，然后过滤到马天尼杯中，用精心削制的芹菜皮点缀，上酒。

ICE 方形冰块

12 小时准备

2 分钟搅拌

难度 ❀❀❀

伊登鸡尾酒

2014 年，这款酒曾入围孟买蓝宝石全球最具想象力调酒师大赛（Bombay Sapphire's World's Most Imaginative Bartender）的决赛。比赛主题是调制一杯从一种风格转变为另一种风格的鸡尾酒。印度淡色艾尔啤酒和接骨木花利口酒让鸡尾酒变得鲜艳明亮、芬芳馥郁、略带苦味，同时甜菜根（甜菜）着色剂慢慢溶入鸡尾酒后，使酒变得清香朴实，实际上却是一款马天尼酒。

制作鸡尾酒

45 毫升孟买蓝宝石（或者度数较低的金酒）

20 毫升马天尼白味美思酒

20 毫升印度淡色艾尔啤酒浓缩液（见下文）

1 吧勺圣哲曼接骨木花利口酒

3 滴苹果酸溶液（详见第 144 页）

甜菜根（甜菜）着色剂

制作印度淡色艾尔啤酒浓缩液

330 毫升略带苦味的印度淡色艾尔啤酒

30 克精幼砂糖（精制白砂糖）

制作甜菜根（甜菜）着色剂

200 毫升甜菜根（甜菜）汁

2 克果胶粉（重约为甜菜根汁的 1% ~ 1.5%）

ICE 方形冰块	
🕐 2小时准备	
⏱ 2分钟搅拌	
难度	❀❀❀

制作印度淡色艾尔啤酒浓缩液时，先把麦芽酒倒入平底锅，低温加热，浓缩至三分之一（不要通过高温加热加速这个过程，否则会失去麦芽酒的香味）。浓缩后关火，倒入精幼砂糖（精制白砂糖）搅拌，冷却至室温，即可使用。

制作甜菜根（甜菜）着色剂时，把甜菜根汁倒入小号平底锅，低温加热至近沸腾状态。此时关火，缓慢加入果胶，每加一点，就用手持式搅拌器有节奏地搅拌，确保完全混合、没有结块。

在酒还有一定温度时，用平纹细布衬里滤网（过滤器）或茶巾过滤，去除块状物。将过滤后的液体冷藏保存 3 小时以上，待其变得浓稠，即可使用。

制作鸡尾酒前 1 小时，冷冻选好的马天尼杯。冷冻后，逐个取出，在酒杯边上涂上一道甜菜根着色剂。在制作鸡尾酒前再次冷冻这些酒杯，让着色剂凝固。

制作鸡尾酒时，把除甜菜根（甜菜）着色剂之外的所有原料放入摇酒壶或调酒罐，加入优质方形冰块。搅拌至冰凉，过滤后倒入准备好的酒杯中。

如果倒入鸡尾酒之前充分冷冻
了着色剂，它就会在几分钟后渐渐
融入酒中。

意式特浓马天尼

我相信大多数读者会在某个时刻想要喝一杯意式特浓马天尼。这是20世纪80年代典型的"叫醒我却又搞砸我的生活"的鸡尾酒。这款酒最初是已故的伟大调酒师迪克·德拉德塞尔（Dick Dradsell）应顾客要求而制，但很快大街小巷的每一家酒吧都开始出售。我的这个版本不含咖啡，却保留了原有的外观、质感和大部分味道。

制作鸡尾酒
35 毫升伏特加

35 毫升特浓咖啡伏特加（详见第 157 页）

25 毫升枫糖浆

制作鸡尾酒时，把所有原料放入摇酒壶，采用干摇法。加入优质方形冰块，继续摇晃至冰凉。双层过滤至小号马天尼杯，上酒。

制作特浓咖啡伏特加所需的原料可以在大部分香草香料供应商店或者网上购买（详见第 170 页）。

金盏花阿芬尼蒂

几个世纪以来，鲜艳的橘黄色金盏花既是治疗各种病痛的天然药材，也常用作染料。金盏花让这款酒带有一点胡椒味、蜂蜜味和干草味，再与尊贵的圣哲曼酒搭配，便会有一种清香、清新、清淡的味道。

制作鸡尾酒

45 毫升金盏花伏特加（详见第 158 页）

20 毫升糖浆（详见第 26 页）

2 吧勺圣哲曼接骨木花利口酒

1 滴西柚苦味剂

60 毫升普罗塞克

干金盏花瓣，点缀用

把除普罗塞克之外的所有原料放入大葡萄酒杯中，加入优质方形冰块和少许干金盏花瓣。搅拌混合味道，用普罗塞克斟满，需要的话可以再放一些方形冰块，上酒。

ICE 方形冰块

4小时准备

2分钟搅拌

浸液：
金盏花伏特加

难度 ❋❋❋

黑樱桃教父

原版的教父鸡尾酒十分经典，不过对我来说太甜了。我喜欢黑樱桃清新的酸味，我调制的这款果香味浓的干型鸡尾酒，非常适合慢酌浅饮。

制作鸡尾酒

30 毫升尊尼沃克威士忌
30 毫升黑樱桃利口酒（详见第 158 页）
10 滴焦糖苦味剂（详见第 28 页）
10 滴干苦味剂（详见第 28 页）

制作鸡尾酒时，把一块大冰块放入洛克杯，置于一旁。再把所有原料放入摇酒壶或调酒罐，加入优质方形冰块。搅拌至冰凉，过滤至准备好的酒杯中，上酒。

皇家花香鸡尾酒

这款酒非常适合欢迎一群人的到来，它美味可口、易于调制而且便于按需制作大剂量份。你也可使用其他花瓣和花朵，不过我喜欢金盏花的芬芳馥郁和矢车菊的香甜及其明亮的色彩。

制作鸡尾酒

喷雾瓶装的李子苦味剂
30 毫升花朵利口酒（详见第 159 页）
60 毫升香槟

制作鸡尾酒时，选择马天尼大杯，并提前冷冻，在酒杯内部喷上李子苦味剂，然后加入利口酒。用香槟斟满，把带有花瓣的冰块（详见第 30 页）放入酒中，作为最后的花朵点缀，上酒。

皇家花香鸡尾酒

澄清型血腥玛丽

　　我喜欢上好的血腥玛丽，但是和其他人遭遇的情况一样，常常是一杯不够，两杯太多。血腥玛丽非常适合在早午餐时饮用，深受大众喜爱，却容易让人感到饱足，不能过多享用。我调制这款酒的初衷很简单：调制一杯酒精含量较低、可以畅饮的血腥玛丽，进餐时可以持续享用。

制作鸡尾酒

50 毫升灰雁伏特加

2 吧勺干味美思酒

65 毫升血腥玛丽清汤（见下文）

10 滴血色苦味剂（详见第 29 页）

干蕃茄片，点缀用

制作血腥玛丽清汤

1 升优质的番茄汁

3 克现磨的黑胡椒粉

3 克红胡椒，压碎

1 满吧勺海盐

1 满吧勺芹菜盐

15 毫升塔巴斯科辣酱

20 毫升塔巴斯科绿辣椒酱

1 颗柠檬榨汁

50 毫升伍斯特郡酱

2 ~ 3 吧勺琼脂

　　制作血腥玛丽清汤时，把一半番茄汁倒入平底锅，加入黑胡椒、红胡椒、海盐、芹菜盐、塔巴斯科辣酱和塔巴斯科绿辣椒酱、柠檬汁和琼脂，中火加热。快沸腾时慢慢加入琼脂，每加一点搅拌至溶解。然后转为低温加热，加入剩余的番茄汁，再煮 15 分钟。关火冷却至室温，然后倒入不会产生化学反应的容器中，密封冷冻 12 小时以上。

　　第二天，取出冷冻的番茄汁，慢慢融化时，用平纹细布衬里滤网（过滤器）或咖啡滤纸过滤到大碗中，然后倒入瓶中，冷藏保存，随用随取。

　　制作鸡尾酒时，把所有原料放入调酒杯或调酒罐中，加入优质方形冰块至三分之二杯处。用吧勺搅拌至冰凉，过滤至小号飞碟杯或马天尼杯中。用干蕃茄片点缀，上酒。

ICE　方形冰块

12小时准备

2分钟搅拌

难度　****

香菜版椰林飘香

对我而言，让椰林飘香成为经典的派对好酒，在沙滩度假或者与好友共饮，是最美好的回忆。这样的时刻和这款酒总是最相配。话虽如此，椰林飘香还有很多不错的版本，我调制的这款酒只是其中之一。如果你恰好有含二氧化碳的摇酒壶，就不用以下配方中的苏打，直接给自己摇一杯起泡的椰林飘香。如果没有，也不必担心，加一点苏打也能产生相同的效果。

制作鸡尾酒

35 毫升椰子淡朗姆酒（详见第 158 页）

65 毫升澄清型菠萝果子露（见下文）

1 吸管柠檬酸

一小撮香菜，点缀苏打水

制作澄清型菠萝果子露

1 升优质的菠萝汁

5 克琼脂

精幼砂糖（精制白砂糖）

2 克柠檬酸粉

制作澄清型菠萝果子露时，把 700 毫升菠萝汁倒入平底锅，中火加热。快沸腾时，加入琼脂，搅拌至溶解。关火冷却 15 分钟，倒入不会产生化学反应的容器中，密封冷冻 14 小时以上。

第二天，取出冷冻的菠萝汁，待渐渐融化时，用平纹细布衬里滤网（过滤器）或咖啡滤纸过滤到大碗中。确定菠萝汁的量，每 500 毫升菠萝汁加 100 克精幼砂糖（精制白砂糖），再加入柠檬酸粉。搅拌至全部溶解，倒入瓶中，冷藏保存，随用随取。

调制鸡尾酒时，先准备酒杯。酒杯中加入优质方形冰块，再倒入约 25 毫升苏打水。

现在开始调制鸡尾酒，将所有原料加入摇酒壶，加入优质方形冰块，用力摇晃，双层过滤后浇到酒杯中的苏打水上，再加入少量苏打。用一小撮香菜点缀，上酒。

ICE 方形冰块

14小时准备

2分钟搅拌

浸液：椰子淡朗姆酒

难度 ★★★★

苏格兰跳房子

制作这款酒时我选择的是苏格兰酒花，因为我想要一种类似柑橘酒花的特征。你也可以选择其他类似的酒花。卡斯卡特酒花和西楚酒花的特征类似，后者以西柚和热带水果的特点著称。

制作鸡尾酒

1 个蛋清

35 毫升苏格兰酒花（详见第 158 页）

25 毫升糖浆（详见第 26 页）

25 毫升西柚汁

2 吧勺接骨木花水

1 滴西柚苦味剂

黑豆蔻荚，点缀用

把蛋清放入摇酒壶，接下来放入其他原料，采用干摇法。加入优质方形冰块，继续摇晃。双层过滤至加了新鲜方形冰块的洛克杯中，用磨碎的黑豆蔻点缀。

豌豆薄荷起泡戴吉利

这款酒度数较低，令人愉悦，提神醒脑，适合在阳光明媚的日子里招待客人用。甜豆和薄荷是绝配，芳香馥郁，让人想起繁花似锦的春夏。

制作鸡尾酒

8 ~ 10 个甜豆荚

50 毫升淡朗姆酒（比如百加得白朗姆酒）

25 毫升酸橙汁

25 毫升糖浆（详见第 26 页）

25 毫升普罗塞克

1 片枝薄荷，点缀用

把甜豆荚折断，放入摇酒壶。再加入其余原料，搅碎豆荚，混合味道。摇酒壶中加入优质方形冰块，用力摇晃约 10 秒钟。双层过滤至选择的酒杯中，喷上普罗塞克。用一片薄荷叶点缀，让它漂在酒上。

纯贞椰林——
羽衣甘蓝飘香

谁会不喜欢椰林飘香？颇为讽刺的是，一些最糟糕的经历却成了我最美好的回忆——无助地坐在加勒比海的悬崖峭壁上或者在沙滩上跌倒。做得好的话，这会是一款纯真、明媚的鸡尾酒，值得细细品味。

虽然我的这个版本不含酒精，但和椰子飘香一样好。不过别担心，如果想要加点酒劲儿的话，只要在配方中加上35毫升椰子淡朗姆酒（详见第158页）即可。

制作鸡尾酒
65毫升菠萝汁

25毫升椰奶

15毫升糖浆（详见第26页）

15毫升酸橙汁

15毫升羽衣甘蓝汁（见下文）

制作羽衣甘蓝汁
250克羽衣甘蓝汁

125毫升水

制作羽衣甘蓝汁时，把羽衣甘蓝和水放入搅拌器，有节奏地搅拌至完全混合。用滤网（过滤器）过滤，随用随取。

制作鸡尾酒时，把所有原料放入摇酒壶，加入优质方形冰块。用力摇晃，双层过滤至加了更多优质方形冰块的酒杯中。

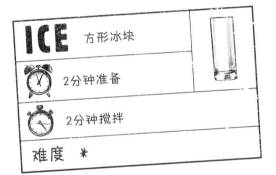

花园斯皮特

这款酒加了红（甜）椒，有一种朴实的甜味，完全不同于金巴利和阿佩罗这类草本植物的苦味。我是在寒冷潮湿的户外时有了这个灵感，不过我当然渴望的是悠长的美好夏夜。

制作鸡尾酒
30毫升金巴利

30毫升阿佩罗

45毫升红椒汁（见下文）

30毫升血橙汁

苏打水，最后润饰用

血橙切成楔形，点缀用

制作红椒汁
量为200毫升

5颗红椒，对半切开，去除核籽

制作红椒汁时，用电动榨汁机给准备好的红（甜）椒榨汁。用平纹细布或咖啡滤纸过滤残渣，冷藏保存，随用随取。

制作鸡尾酒时，往科林杯中加入优质方形冰块，再加入原料，最后用苏打水斟满。用吧勺搅拌至充分混合，用血橙片点缀，立刻上酒。

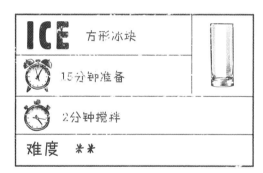

来自厨房的灵感

热苹果酒

在寒冷的冬夜围坐在篝火旁，一杯热鸡尾酒既能温暖身体，又能让人提起精神。这款热苹果酒最好用隔热杯或者马克杯来保温，尤其是在室外饮用时。调制这杯酒时，你可以尝试各种香料味道的组合，不过我喜欢姜和肉桂皮的组合，它们与温暖的科尼亚克白兰地最相配。

制作鸡尾酒
50 毫升科尼亚克白兰地

3 吧勺枫糖浆

65 毫升热苹果酒（见下文）

苹果片和肉桂棒，点缀用

制作热苹果酒
量为 250 毫升

500 毫升梨口味苹果酒

25 克姜根，切片

1 根肉桂棒

半颗橙子的皮

制作热苹果酒时，把苹果酒和姜片放入平底锅，中火加热，沸腾后继续煮 5 分钟。加入肉桂棒和橙子皮，继续煮沸至留下一半酒。关火后，用滤网（过滤器）过滤。使用前保温。

制作鸡尾酒时，把科尼亚克白兰地和枫糖浆倒入马克杯或隔热杯底部，然后再倒入热苹果酒。用苹果片和肉桂棒点缀，趁热上酒。

10分钟准备

2分钟搅拌

难度 ∗

热尼克罗尼

　　同意在全球所有菜单上把尼克罗尼酒列为必点鸡尾酒的人请举手！我好像我还没有写过不含尼克罗尼的鸡尾酒菜单。从最初的"瓶装"版到抢手的"林地"尼克罗尼，到开胃酒"芮斯崔朵"尼克罗尼，再到放纵的"黑松露"尼克罗尼（后两种详见第 83 页），尼克罗尼无处不在。因此，当我想到温暖的鸡尾酒时，就少不了这款意大利经典酒的热饮版。诀窍在于不要煮太久，否则酒会蒸发掉（图片详见第 85 页）。

制作鸡尾酒
半杯马克杯或 150 毫升的热尼克罗尼预混液（见下文）
硬币大小的橙子皮和去核的绿橄榄，点缀用

制作预混液
量为 1 升
250 毫升高纯度金酒
200 毫升甜味美思酒
200 毫升金巴利
100 毫升枫糖浆
250 毫升水
4 片月桂叶
1 根肉桂棒，折断
1 克白胡椒
1 颗零陵香豆，折断
50 克去核的绿橄榄

　　制作预混液时，将水浴锅设为摄氏 45 度，预先加热。把所有原料放入袋中，真空密封，然后放入水浴锅中煮 50 分钟。取出冷却，用咖啡滤纸或平纹细布衬里滤网（过滤器）过滤，倒入瓶中，冷藏保存，随用随取。

　　制作鸡尾酒时，把预混液倒入平底锅，低温加热至快沸腾时（太久会把酒蒸发掉）。盛到马克杯中，用橙子皮和去核的绿橄榄点缀。

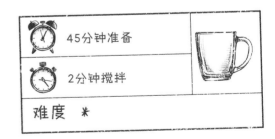

45分钟准备

2分钟搅拌

难度　＊

芮斯崔朵尼克罗尼

我在几年前创造这款酒时，是想让人们可以饭后享用这款美酒，而不仅限于开胃酒。咖啡丰富了层次和苦味，也添加了烘焙咖啡的香味（图片详见第 84 页）。

制作鸡尾酒
75 毫升芮斯崔朵尼克罗尼预混液（见下文）

干橙片，点缀用

制作预混液
300 毫升金酒

200 毫升金巴利

125 毫升阿佩罗

200 毫升甜味美思酒

25 毫升糖浆（详见第 26 页）

35 克现烤咖啡豆

制作预混液时，把所有原料放入不会产生化学反应的容器中静置 72 小时，偶尔晃动容器。浸泡完毕后，用平纹细布衬里滤网（过滤器）或咖啡滤纸过滤，倒入瓶中，冷藏保存，随用随取。

制作鸡尾酒时，把预混液放入摇酒壶或调酒罐，加入优质方形冰块。搅拌 30 秒至冰凉，过滤至加了大冰块的酒杯中。用干橙片点缀，上酒。

黑松露尼克罗尼

和本书的其他尼克罗尼配方一样，这款酒是为杜克与华夫餐厅（Duck & Waffle）而创制。2015 年的秋冬款采用了黑松露和黑巧克力的组合。这个精选组合取长补短，完美互补（图片详见第 84 页）。

制作鸡尾酒
50 毫升黑松露尼克罗尼预混液

制作预混液
250 毫升金酒

200 毫升甜味美思酒

200 毫升金巴利

25 毫升莫扎特黑巧克力利口酒

25 毫升糖浆（详见第 26 页）

10 滴巧克力苦味剂

20 克黑松露，切片

制作预混液时，把所有原料放入不会产生化学反应的容器中静置 72 小时，偶尔晃动容器。浸泡完毕后，用平纹细布衬里滤网（过滤器）或咖啡滤纸过滤，倒入瓶中，冷藏保存，随用随取。

制作鸡尾酒时，把预混液放入摇酒壶或调酒罐，加入优质方形冰块。搅拌 30 秒至冰凉，过滤至加了大冰块的酒杯中，上酒。

图片（自左至右）：

黑松露尼克罗尼（详见第 83 页）

芮斯崔朵尼克罗尼（详见第 83 页）

热尼克罗尼（详见第 82 页）

西娜尔漂浮可乐

我不确定这是一款鸡尾酒还是甜点，说实话，我不在乎！美国这款奇特的经典酒，有西娜尔的苦味，值得称道。你可以从网上或者苏打水销售商处购买可乐糖浆。

制作鸡尾酒
西娜尔香草冰激凌（见下文）
50 毫升西娜尔
25 毫升香草可乐糖浆（见下文）
100 毫升香草味汽水

如果你不喜欢香草味汽水，可以用普通可乐代替，效果也很好。

制作香草可乐糖浆
量为 150 毫升
150 毫升可乐糖浆
1 根香草荚，纵向一剖为二

制作香草可乐糖浆时，把可乐糖浆和香草荚放入不会产生化学反应的容器中，密封静置一夜。第二天，取出香草荚，把糖浆倒入瓶中，随用随取。

制作西娜尔香草冰激凌
量为 500 毫升
1 桶 500 毫升的香草冰激凌
75 毫升西娜尔

制作西娜尔香草冰激凌时，取出冷冻的冰激凌，静置融化至可与其他原料混合。同时，把西娜尔倒入平底锅，中火加热，煮至剩余三分之二时，关火冷却至室温。西娜尔冷却并且冰激凌变软时，把西娜尔倒入冰激凌中，搅拌至出现层层涟漪。冷冻保存，随用随取。

制作鸡尾酒时，用西娜尔香草冰激凌填满圣代杯的三分之二，倒入西娜尔和香草可乐糖浆，再浇上香草味汽水。配上小勺和吸管，请享用！

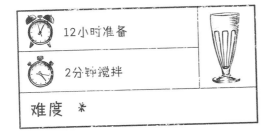

12小时准备

2分钟搅拌

难度 ❋

秘密玛格丽特

　　请绕开霜冻的玛格丽特鸡尾酒，来尝尝这款辛辣的鸡尾酒吧。哈拉佩纽辣椒给这款汤米玛格丽特的派生作品添加了一丝恰到好处的辣味，而圣哲曼的淡淡花香与辣椒的味道形成了完美制衡。

制作鸡尾酒

60 毫升哈拉佩纽辣椒龙舌兰（详见第 159 页）

15 毫升酸橙汁

2 吧勺圣哲曼接骨木花利口酒

1 吧勺龙舌兰糖浆

酸橙片、干香菜、海盐，点缀用

　　准备酒杯时，用酸橙片擦酒杯边缘，然后把酒杯倒置在放了干香菜和海盐的碗中，静置。

　　制作鸡尾酒时，把所有原料放入摇酒壶，然后用吧勺搅拌，确保龙舌兰糖浆完全混合。加入优质方形冰块，用力摇晃至冰凉。双层过滤至准备好的酒杯中。

ICE 方形冰块

12小时准备

2分钟搅拌

浸液：
哈拉佩纽辣椒龙舌兰

难度 ✳

　　如果你不喜欢标准的玛格丽特，为什么不试试这款？将其倒入有方形冰块且边缘有海盐的酒杯中，再加上西柚汽水，用葡萄柚片点缀，就大功告成了。

巧克力饮料酒

这款令人垂涎欲滴的特级鸡尾酒弥漫着豆蔻和巧克力的香味，与辛辣的荨麻酒形成完美互补。

制作鸡尾酒

1 个鸡蛋

45 毫升绿荨麻酒

30 毫升巧克力和豆蔻糖浆

2 滴巧克力苦味剂

少量西娜尔

巧克力粉，点缀用

制作巧克力和豆蔻糖浆

量为 200 毫升

200 毫升糖浆

100 克巧克力粉

2 个黑豆蔻荚，捣碎

制作巧克力和豆蔻糖浆时，把糖浆和巧克力粉放入平底锅，中火加热。加热的同时，搅拌至巧克力粉完全溶入糖浆，然后关火加入捣碎的豆蔻荚，静置冷却至室温。

一旦冷却，就用细滤网（过滤器）过滤糖浆，倒入瓶中冷藏保存，随用随取。

制作鸡尾酒时，把鸡蛋打入摇酒壶，然后放入其他原料。加入优质冰块，用力摇晃至冰凉，双层过滤至酒杯中。加入少许巧克力粉作为点缀，上酒。

本配方中加了入少许巧克力和豆蔻糖浆，是晨间咖啡的最佳伴侣。

潘妮托妮饮料酒

这款酒是纵情欢乐的终极代表，应该使用品酒杯，慢慢品味这种特级酒的味道。潘妮托妮加入了柑橘和葡萄干的味道，而且零陵香豆烘托出精彩热烈的节日氛围。

制作鸡尾酒

1 个鸡蛋

45 毫升用潘妮托妮泡过的科尼亚克白兰地（详见第 159 页）

25 毫升香料糖浆（见下文）

1 滴橙子苦味剂

现磨肉豆蔻，点缀用

制作香料糖浆

量为 250 毫升

4 颗零陵香豆，碾碎

半根肉桂棒

250 毫升糖浆（详见第 26 页）

制作香料糖浆时，把零陵香豆和肉桂棒放入不会产生化学反应的容器中，倒入糖浆，密封静置一夜。第二天，用细滤网（过滤器）过滤糖浆，倒入瓶中，冷藏保存，随用随取。

制作鸡尾酒时，把鸡蛋打入摇酒壶，加入其他原料，采用干摇法。然后加入优质方形冰块，用力摇晃至冰凉，双层过滤至酒杯中。用少量现磨肉豆蔻点缀，上酒。

ICE	方形冰块	
⏰	12小时准备	
⏱	2分钟搅拌	
🍾	浸液：潘妮托妮泡过的科尼亚克白兰地	
难度	✳	

普罗旺斯大都会

调得不错的经典大都会是款好酒，虽然不是我喜欢的那种，但我还是很欣赏。这款酒如此与众不同，让我绝对不会错过。我利用了具有普罗旺斯风味的香料——香薄荷、墨角兰、迷迭香、百里香和牛至的美妙组合，浸泡在柠檬味伏特加和橙味利口酒中，最后得出了美妙的香味组合。

制作鸡尾酒
50 毫升普罗旺斯大都会混液（详见第 159 页）

25 毫升蔓越莓汁

2 吧勺酸橙汁

2 吧勺糖浆（详见第 26 页）

4 滴蔓越莓苦味剂（详见第 28 页）

硬币大小的橙子皮，点缀用

把所有原料倒入摇酒壶，加入优质方形冰块，摇晃至冰凉，双层过滤至酒杯中。捏橘子皮，把皮中的油脂喷在酒的表面和杯脚上，然后放在酒中，上酒。

ICE 方形冰块

24 小时准备

2 分钟搅拌

浸液：
普罗旺斯大都会混液

难度 **

图片（自上而下）：
普罗旺斯大都会（上页）
香烤大都会（详见第 92 页）

香烤大都会

其实，每个人都有一款明知喝了不好，可还是很喜欢喝的酒。我不是说大都会就是我的这种酒，但是它给了我灵感，让我创造出这款酒：把带有恶名的一款酒变成人人都可享用的美酒。

我创造的所有酒中，人们常问的问题是："为什么要加骨髓？"2012年，当这款酒首次出现在杜克与华夫餐厅的菜单上时，我知道我想用蔓越莓。为了搭配蔓越莓，我选择了烤肉。接下来就是敲定最佳原料，这就是我选择骨髓的原因。（图片详见第93页，脂肪基酒混合法也用于调制第120页的神户和牛鸡尾酒、第128页的巧克力和蓝芝士马天尼，以及第133页的防弹古典鸡尾酒。）

制作鸡尾酒

35毫升香烤大都会混液（详见第160页）

35毫升蔓越莓汁

1吧勺酸橙汁

1吧勺糖浆（详见第26页）

1吧勺布里奥泰白可可酒

1枝迷迭香，折断释放香味

把包括迷迭香在内的所有原料放入摇酒壶或调酒罐，加入方形冰块至一半处，用吧勺搅拌至冰凉，双层过滤至预先冷冻过的小号马天尼杯中，上酒。

ICE 方形冰块	
⏰ 6小时准备	
⏱ 2分钟搅拌	
浸液：香烤大都会混液	
难度 ✱✱✱✱	

每日精磨咖啡鸡尾酒

2016 年的夏天，我为杜克与华夫餐厅创造了这款鸡尾酒。菜单的概念是"都市衰败"，其主旨是从那些废弃或过期的原料中提炼出新的味道。以这款酒为例，我用咖啡渣浸泡开胃酒。这不仅让咖啡渣另有用途，而且能够提取出独特的咖香，却又不像现磨咖啡的味道那么浓。

制作鸡尾酒

25 毫升伏特加

25 毫升咖啡好奇美国佬美味思酒混液（详见第 160 页）

1 吧勺酸奶糖浆（见下文）

15 毫升布里奥泰杏子酒

2 吧勺枫糖浆

薄荷枝和咖啡渣，点缀用

制作酸奶糖浆

量为 125 毫升

50 克酸奶粉

100 毫升水

制作酸奶糖浆时，把酸奶粉和水放入碗中，使用手持式或浸入式搅拌器搅拌至充分混合。用细滤网（过滤器）过滤，倒入小瓶中，冷藏保存，随用随取。

制作鸡尾酒时，把所有原料放入大高球杯中，加入碎冰至酒杯的三分之一处。使用吧勺搅拌，混合味道。再加入三分之一杯碎冰，继续搅拌。最后用碎冰加满，用薄荷枝和少许咖啡渣点缀，上酒。

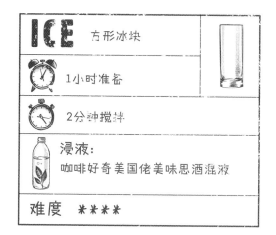

ICE 方形冰块

1 小时准备

2 分钟搅拌

浸液：
咖啡好奇美国佬美味思酒混液

难度 ＊＊＊＊

秋日桑格利亚酒

秋天是我最爱的季节之一：树叶变黄，寒意乍现，五谷丰登。这款美酒适合在这个秋高气爽的特殊时刻与朋友共饮。

制作鸡尾酒

350 毫升应季科尼亚克白兰地（详见第 161 页）

500 毫升干白葡萄酒

250 毫升肉桂糖浆（见下文）

梨片和黑莓，点缀用（可不选）

制作肉桂糖浆

量为 250 毫升

2 根肉桂棒，折成碎片

250 毫升糖浆（详见第 26 页）

制作肉桂糖浆时，把肉桂棒和糖浆放入不会产生化学反应的容器中密封，室温静置一夜。

待味道混合好后，过滤至瓶中，冷藏保存，随用随取。

制作鸡尾酒时，选择大罐或大壶，加入优质方形冰块，再加入其他原料。充分搅拌，冷却稀释，静置 5 分钟。过滤至酒杯中，用梨片和黑莓点缀，上酒。

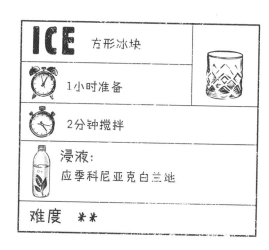

ICE 方形冰块

1 小时准备

2 分钟搅拌

浸液：
应季科尼亚克白兰地

难度 ＊＊

与本书大部分单人量的配方不同，这一大壶
可以供6人享用，非常适合家庭派对。

千禧迈泰

有谁不爱热情的提基鸡尾酒呢？这款迈泰酒用流行的藜麦代替了传统的杏仁糖浆。加入咖啡和橙花油苦味剂后，口感更加干涩，却是经典波利尼西亚鸡尾酒极具香味的变体。

制作鸡尾酒

30 毫升咖啡泡过的黑朗姆酒（详见第 161 页）

30 毫升卡莎萨酒

30 毫升藜麦糖浆（见下文）

15 毫升酸橙汁

1 滴橙花油苦味剂（详见第 29 页）

略焦的酸橙皮和薄荷枝，点缀用

制作藜麦糖浆

量为 400 毫升

150 克红藜麦

350 毫升水

精幼砂糖（精制白砂糖）

制作藜麦糖浆时，将水浴锅设为摄氏 45 度，预先加热。把红藜麦放入煎锅，中火加热，稍稍烘烤一下。把烤过的红藜麦和水放入袋中真空密封，然后放入水浴锅煮 50 分钟后取出冷却。用细滤网（过滤器）过滤，称一下收集到的糖浆重量，然后加入其一半重量的精幼砂糖（精制白砂糖）。搅拌至糖全部溶解，倒入瓶中，冷藏保存，随用随取。

制作鸡尾酒时，把所有原料放入高酒杯，加入碎冰至酒杯三分之二处。用吧勺搅拌，混合味道，上面再加一些碎冰。用烧得略焦的酸橙皮和薄荷枝点缀，上酒。

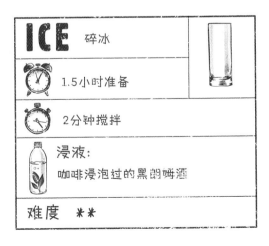

ICE 碎冰

1.5 小时准备

2 分钟搅拌

浸液：
咖啡浸泡过的黑朗姆酒

难度 **

苏格兰咖啡鸡尾酒

这款酒的灵感来自爱尔兰咖啡鸡尾酒，加入了自制的咖啡利口酒和坚果风味的果仁糖，让冬天变得更温暖。条件允许的话，请选择爱尔兰咖啡酒杯。

制作鸡尾酒

30 毫升苏格兰威士忌

30 毫升咖啡利口酒（详见第 160 页）

1 吧勺枫糖浆

2 滴巧克力苦味剂

90 毫升热咖啡

50 毫升果仁糖奶油（见下文）

巧克力粉，点缀用

制作果仁糖奶油

250 毫升高脂浓奶油

100 毫升糖浆（详见第 26 页）

5 克食用果仁糖香精

制作果仁糖奶油时，把原料放入碗中，用打蛋器轻轻手动打泡，随后静置。

制作鸡尾酒时，把除果仁糖奶油之外的原料全部放入杯中，给果仁糖奶油留下足够的空间，轻轻搅拌混合。舀一勺果仁糖奶油放在酒上，用少许巧克力粉点缀。

乌里宾纳

这或许是个不太可能的组合，但是喝过利宾纳热饮的人会懂，这款酒是缓解感冒的一剂良方。温暖的黑莓和一杯乌里叔侄朗姆酒（Wray & Nephew）足以让病毒惊慌逃命。实话实说，我不记得感冒时喝这款酒是否真得奏效，但是一杯超高度数的朗姆酒一定能够打消一切自怜自艾的念头。这款酒的配方建立在原始的治疗方法之上，只是以鸡尾酒的形式出现罢了。碎冰有利于稍微稀释朗姆酒并且让酒变得更加醇香。

制作鸡尾酒

35 毫升黑醋栗乌里叔侄朗姆酒（详见第 160 页）

25 毫升糖浆（详见第 26 页）

半吧勺柠檬酸溶液

1 滴柠檬苦味剂

10 毫升黑醋栗酒

黑醋栗或柠檬叶，点缀用

制作鸡尾酒时，把黑醋栗乌里叔侄朗姆酒、糖浆、柠檬酸溶液和柠檬苦味剂放入高球杯中，加入碎冰至三分之一杯处。用吧勺搅拌，混合味道，再加入三分之一杯碎冰，继续搅拌。最后，用碎冰加满，用黑醋栗或柠檬叶点缀。再洒上黑醋栗酒，上酒。

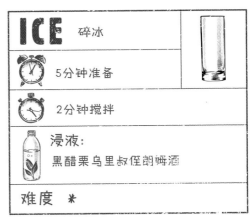

雀巢巧克力雪球

这是 20 世纪 80 年代经典雪球鸡尾酒的现代版，采用了大家最爱的糖果——巧克力奶片！在酒吧的话，我会再加一些技术含量，不过这款酒非常适合在家调制，会让喜欢巧克力的人流连忘返。

制作鸡尾酒

30 毫升普罗塞克

1 个鸡蛋

65 毫升雀巢巧克力牛奶片利口酒（详见第 161 页）

25 毫升伏特加

15 毫升糖浆（详见第 26 页）

制作鸡尾酒时，把普罗塞克倒入牛奶瓶或酒杯底部静置。将其余原料放入摇酒壶干摇。然后加入优质方形冰块，再次用力摇晃至冰凉。轻轻过滤至牛奶瓶或酒杯中，上酒。

上这款酒时，我喜欢用新颖奇特的牛奶瓶，如果没有，洛克杯也可以。如果确定要费力去买牛奶瓶的话，顺便也买一些新颖奇特的吸管来增加这款酒的欢乐气氛吧。

黑橄榄开胃酒

在橄榄面前我总是控制不住自己。如果在我旁边放一碗橄榄，压根儿就没有其他人的份儿！这款开胃酒就是为了向我深爱的橄榄致敬。其灵感来自于春天的一个傍晚，那时我在细细品味马天尼的独特美味与白味美思酒和橄榄的组合。我喜欢这款酒中各种香料、木桶和香草的相互作用，让人提神醒脑、忍不住想要畅饮一番（也非常危险）。

制作鸡尾酒

50 毫升黑橄榄马天尼白味美思酒（详见第 162 页）

1 ~ 2 吧勺杏仁糖浆

50 毫升汤力水

50 毫升普罗塞克

迷迭香枝和黑橄榄，点缀用

制作鸡尾酒时，把黑橄榄马天尼白味美思酒和杏仁糖浆倒入大葡萄酒杯的底部。加入优质方形冰块至酒杯三分之二处，搅拌混合冷却。搅拌的同时，依次倒入汤力水和普罗塞克。如果需要，再加入一些新鲜冰块，然后用迷迭香枝和一颗黑橄榄点缀，上酒。

ICE 方形冰块

5分钟准备

2分钟搅拌

浸液：
黑橄榄马天尼白味美思酒

难度 **

皮斯科丽塔

我一直认为皮斯科是一款被低估的烈性酒。其香味在这款鸡尾酒中得到了充分的发挥。我喜欢清新的甜瓜和椰汁的组合，黑豆蔻的泥土味和焦味又增强了这个组合的香味（图片详见第107页）。

制作鸡尾酒

25毫升苏打水

35毫升皮斯科酒

35毫升盖丽亚甜瓜汁

20毫升椰汁糖浆（见下文）

2滴黑豆蔻和菠萝苦味剂（详见第29页）

2片菠萝叶，点缀用

制作椰汁糖浆

150毫升椰汁

150克精幼砂糖（精制白砂糖）

制作椰汁糖浆时，把椰汁倒入大碗中，加入精幼砂糖（精制白砂糖）。搅拌至精幼砂糖（精制白砂糖）全部溶解，倒入瓶中，冷藏保存，随用随取。

制作鸡尾酒时，往高球杯中加入优质方形冰块，然后加入苏打水。再加入其余原料，用吧勺搅拌混合。如果需要，再加一些新鲜冰块，用菠萝叶点缀，上酒。

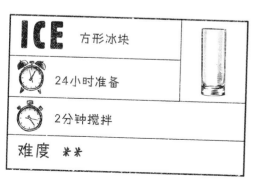

伏特加月桂咸味鸡尾酒

改造一款简单却经典的鸡尾酒总是充满乐趣，尤其像改造这一款酒，其最终效果甚至优于原版时更是如此。利用伏特加和西柚的简单组合，搭配咸味鸡尾酒（即在杯口沾一些盐），事先用香草、月桂和桦树皮浸泡伏特加，更能突出酒的特点。

制作鸡尾酒

35毫升月桂、桦树皮和香草伏特加（详见第162页）

25毫升糖浆（详见第26页）

50毫升西柚汁

4滴香草苦味剂（详见第28页）

柠檬片和海盐，装饰酒杯用

烤过的柠檬片和月桂叶，点缀用

准备酒杯时，用切好的柠檬片擦拭酒杯边缘，然后把酒杯倒置在放了海盐的碗中。拿起酒杯，加入方形冰块，制作鸡尾酒时静置一旁。

制作鸡尾酒时，把所有原料放入摇酒壶或调酒罐中，加入优质方形冰块。搅拌至冰凉，过滤至准备好的酒杯中。如果有需要，再加些冰块，用烤过的柠檬片和月桂叶点缀，上酒。

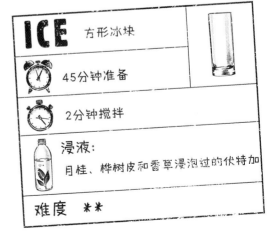

美式咖啡鸡尾酒

我喜欢这款酒的秋季色彩，虽然深红色会让人想起寒冷的季节，但它是一款可以在一年四季的日落时分浅尝的酒。这个配方当然是基于阿美利加诺酒而创制，在传统的金巴利酒和甜味美思酒中加入了自制咖啡利口酒。

制作鸡尾酒

25 毫升金巴利酒

25 毫升甜味美思酒

60 毫升咖啡利口酒（详见第 160 页）

50 毫升苏打水

橙子切成楔形，点缀用

把金巴利酒、甜味美思酒和咖啡利口酒倒入高球杯或科林杯中，加入优质方形冰块。再加入苏打水，用吧勺搅拌充分混合至冰凉。用橙片点缀，上酒。

为何不在意式特浓马天尼中加入咖啡利口酒呢？35毫升伏特加混合35毫升利口酒，加入双份浓缩咖啡和15毫升糖浆。加冰用力摇晃，双层过滤。

ICE 方形冰块		
⏰ 48小时准备		
⏱ 2分钟搅拌		
🧴 浸液：咖啡利口酒		
难度 ✳✳✳		

图片（自左至右）：
双份黑色丝绒鸡尾酒（详见第 114 页）
皮斯科丽塔（详见第 104 页）

生物动力法酸味鸡尾酒

这款"酸味"鸡尾酒中使用的酸奶通过颜色和气泡增加了酒的质感。我喜欢这款酒的味道变化：起初，白可可酒抑制了酸味的挥发。随后，位于顶部的可可豆碎粒却又将酸味缓缓提升。

制作鸡尾酒

35 毫升葛缕子龙舌兰（详见第 162 页）

15 毫升布里奥泰白可可酒

25 毫升糖浆（详见第 26 页）

15 毫升柠檬汁

2 吧勺酸奶糖浆（详见第 95 页）

磨碎的可可豆碎粒，点缀用

制作鸡尾酒时，把所有原料放入摇酒壶，加入优质方形冰块，用力摇晃至冰凉。双层过滤至加了大冰块的洛克杯中，用现磨的可可豆碎粒点缀，上酒。

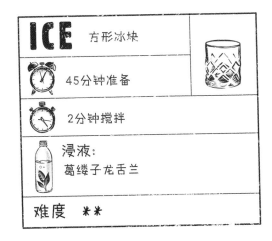

ICE 方形冰块		
🕐 45分钟准备		
⏱ 2分钟搅拌		
🧴 浸液：葛缕子龙舌兰		
难度 **		

红洋葱焦糖曼哈顿

乍一看，你可能会觉得我疯了——"洋葱！用在曼哈顿中？他绝对是毁了一杯吉普森。"先不管这种味道的混合会有什么效果。这个创意的萌发可绝非偶然。这款酒背后的创意是是创造出类似烧烤大餐的味道。尽管焦糖洋葱的甜味中伴有辛辣，却增加了味道的层次感，尤其是混合了鼠尾草的味道后就更加美味可口，整杯酒弥漫着鼠尾草和洋葱填料的香味。不过别大意了，如果洋葱加得过多，就会盖过酒味——平衡才是关键！

制作鸡尾酒

60 毫升波旁威士忌

25 毫升甜味美思酒

2 吧勺焦糖红洋葱浓缩液（详见第 163 页）

用扦子穿着的腌洋葱和鼠尾草叶，点缀用

制作鸡尾酒时，把所有原料放入摇酒壶或调酒罐，加入优质方形冰块。用吧勺搅拌至冰凉，然后缓慢过滤至预先冷冻过的马天尼杯中。用串好的腌洋葱和鼠尾草叶点缀，上酒。

ICE 方形冰块

1小时准备

2分钟搅拌

浸液：焦糖红洋葱浓缩液

难度 **

日本柚子马提内兹

这款酒专为美国的寿司桑巴餐厅而创制。日本柚子属于柑橘类，是我的真爱。它比柠檬或酸橙更酸，有一种独特的柑橘香味。只需一点点，就能让酒焕然一新，而且柚子皮还可以泡在金酒或伏特加中，味道真的不同寻常。虽然新鲜的日本柚子很难找到，但日本柚子汁比较好找（务必看清包装上的小字，因为一些人采用了其他柑橘属水果，分量不够）。

制作鸡尾酒
35 毫升日本柚子金酒（详见第 163 页）

25 毫升马天尼红威末酒

15 毫升日本柚子利口酒（详见第 163 页）

3 吧勺黑樱桃利口酒

制作鸡尾酒时，把所有原料放入摇酒壶或调酒罐，加入优质方形冰块。用吧勺搅拌至冰凉，然后慢慢过滤至预先冷冻的马天尼杯中，上酒。

这款酒使用了日本柚子皮，你可以从亚洲超市或熟食店购买。

双份黑色丝绒鸡尾酒

这款鸡尾酒中，黑莓的果香与烈性黑啤的天然味道相辅相成，并提升了黑啤中泥土的香味。虽然健力士黑啤比较浓烈，但是与菲士混合时，产生了气泡，适合在早午餐时间享用。（图片详见第 106 页）

制作鸡尾酒
50 毫升黑莓和健力士黑啤浓缩液（见下文）

100 毫升香槟

制作黑莓和健力士黑啤浓缩液
440 毫升健力士黑啤

70 克精幼砂糖（精制白砂糖）

30 克黑莓

制作黑莓和健力士黑啤浓缩液时，把黑啤倒入平底锅，中小火加热，煮至剩余一半量（不要通过高温加热加速这个过程，否则就会失去麦芽酒的香味）。此时，加入精幼砂糖（精制白砂糖），搅拌至全部溶解，关火加入黑莓搅拌。静置冷却至室温。冷却后，用平纹细布衬里滤网（过滤器）过滤，倒入瓶中，冷藏保存，随用随取。

制作鸡尾酒时，把黑莓和健力士黑啤浓缩液倒入香槟杯的底部，上面倒入香槟。轻轻搅拌混合，上酒。

2小时准备

2分钟搅拌

浸液：
黑莓和健力士黑啤浓缩液

难度　※※

冬日香槟鸡尾酒

　　没有什么比超市货架上那些香喷喷、油腻腻的百果馅饼更能预示着节日的到来。咬一口黄油点心，尝一尝酒香扑鼻、松软香糯的馅料，我就会立刻欣喜若狂，像孩子期盼圣诞老人的到来那样激动。

　　这款鸡尾酒本质上是经典香槟鸡尾酒的节日版，非常适合在圣诞聚会上和家人或朋友共饮，度数不高，又很温暖，日夜皆宜。

制作鸡尾酒
65 毫升冬日利口酒（详见第 164 页）

65 毫升香槟

　　制作鸡尾酒时，把冬日利口酒放入摇酒壶或调酒罐，然后加入一点优质方形冰块（2 ~ 3 块足以）。用吧勺搅拌至冰凉，过滤至香槟杯中。上面倒入香槟，轻轻搅拌混合，上酒。

　　虽然冬日利口酒专为这款酒而做，但是也可冰镇后慢酌浅饮，或者加到金酒中，或者浇在冰块上，或者加到曼哈顿中成为另一经典的节日版鸡尾酒。不管怎么使用，冬日利口酒总是很适合寒冷的季节。

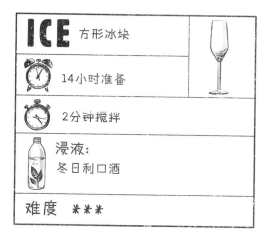

ICE 方形冰块	
14小时准备	
2分钟搅拌	
浸液：冬日利口酒	
难度 ***	

红胡椒柠檬水

这款酒清爽可口、提神醒脑，适合在温暖惬意的白天或傍晚饮用。西柚的清香升华了红胡椒和接骨木花的温馨组合。虽然以下配方是一人量，但是可以按比例放大，最后需要在每杯酒中加一点苏打。

制作鸡尾酒

35 毫升红胡椒金酒（详见第 164 页）

25 毫升澄清型西柚汁（详见第 36 页）

15 毫升糖浆（详见第 26 页）

15 毫升接骨木花水

1 滴柠檬苦味剂

35 毫升苏打水

一长条柠檬皮，卷起用牙签固定成玫瑰花样，点缀用

制作鸡尾酒时，把红胡椒金酒、澄清型西柚汁、糖浆、接骨木花水和柠檬苦味剂倒入高球杯底部，加入优质方形冰块至半杯处。用吧勺搅拌，混合味道。然后一边搅拌，一边加入苏打水。最后再加一些优质方形冰块，用柠檬花点缀，上酒。

ICE 方形冰块	
⏰ 2小时准备	
⏱ 2分钟搅拌	
浸液：红胡椒金酒	
难度 ✻✻	

制作柠檬花时，把柠檬皮自上而下削成长条，然后卷为螺旋花形，用牙签固定。制作方形冰块时，也可放入柠檬花，更加美观（详见第 30 页）。

橡果开胃酒

　　这是那种只需喝第一口就能让你永生难忘的鸡尾酒：入口是发涩的西柚油脂，再次品味则能感受到烤面包那种奶油的香甜，最后则有一丝好奇罗莎（Cocchi Rosa）苦中带甜的味道。我当即就知道我遇到了一款非同一般的酒，从那以后便对它爱不释手了。

制作鸡尾酒

50 毫升灰雁伏特加

30 毫升橡果利口酒（详见第 164 页）

15 毫升好奇罗莎

硬币大小的西柚皮，点缀用

　　把灰雁伏特加、橡果利口酒和好奇罗莎倒入摇酒壶或调酒罐，再加入优质方形冰块。用吧勺搅拌至冰凉，然后过滤到小号马天尼杯中，用西柚皮点缀，上酒。

ICE 方形冰块

1.5小时准备

2分钟搅拌

浸液：橡果利口酒

难度 ★★★★

神户和牛鸡尾酒

2009 年，纽约一家名为守口如瓶（Please Don't Tell）的知名酒吧在菜单中加了一款本顿古典鸡尾酒。这款酒使用了培根浸液，在当时可能会引起一点骚动。2014 年，我首次把这款令人愉悦的鸡尾酒写到寿司桑巴伦敦店的菜单上，2015 年初出现在了纽约西村（New York West Village）。不过这次采用的是和牛肉。这种像大理石花纹一样肥瘦相间的肉富含层次感，口感极佳（脂肪基酒混合法也用于调制第 94 页的香烤大都会、第 128 页的巧克力和蓝芝士马天尼，以及第 133 页的防弹古典鸡尾酒）。虽然这款酒的味道与众不同，但是一切要归功于守口如瓶酒吧的本顿古典鸡尾酒带来的灵感。

制作鸡尾酒
60 毫升神户和牛威士忌（详见第 165 页）
2 ~ 3 吧勺枫糖浆，依据口味添加
5 滴焦糖苦味剂（详见第 28 页）

制作鸡尾酒时，把所有原料放入调酒罐或调酒杯中，加入优质方形冰块。用吧勺搅拌至冰凉，慢慢过滤至加了大冰块的酒杯中，上酒。

脂肪基酒混合法无处不在，其原理非常简单。选择脂肪含量较高的原料，比如培根、奶酪、黄油或骨髓，需要的话可将其熔化，然后浸泡过滤即可。现在，一些酒可能需要稍微煮一下浸液，其他酒可能采用真空低温烹饪法。我采用脂肪基酒混合法时，大部分情况下最后一步都是先冷冻再过滤，保留醇香浓厚的口感和晶莹透彻的外观。

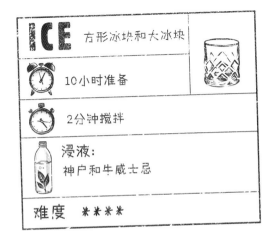

ICE	方形冰块和大冰块	
🕐	10小时准备	
⏱	2分钟搅拌	
🍶	浸液：神户和牛威士忌	
难度	★★★★	

意式特浓金汤力

这是当下最时髦的鸡尾酒。（在调制鸡尾酒时）没有什么饮品比金酒和咖啡更新潮了。这个配方既可以做一人量，也可以按比例放大，为一大群朋友调制（大家都知道怎么调制金汤力，对吧？！）饮酒前可先搅拌混合味道，也可使用吸管抿一口，把大受欢迎的咖啡留到最后。

制作鸡尾酒

50 毫升松针金酒（详见第 165 页）

1 吧勺或茶匙糖浆（详见第 26 页）

汤力水，浇在上面

30 毫升现煮的意式特浓咖啡，冷却至室温

松枝，点缀用

制作鸡尾酒时，把松针金酒和糖浆倒入高球杯的底部，加入优质方形冰块至酒杯的三分之二处。浇上汤力水至酒杯的四分之三处，用吧勺搅拌混合。放一小枝松枝，慢慢把意式特浓咖啡倒在酒上，使其漂浮而后渐渐沉淀。请享用！

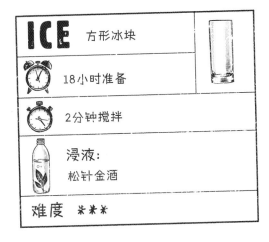

制作浸液时，松针香精也可代替新鲜的松针，具体配方请参考第 156 页松针泡过的阿佩罗酒，并用金酒代替阿佩罗酒。

打破常规

欺骗

又名"澄清型海明威"

调制鸡尾酒时，我喜欢通过误导顾客来制造惊喜，也喜欢提供多感官的体验。这款酒是海明威冻唇蜜的变体，它不仅仅展现了此类型的酒能吸引我们的嗅觉和味觉，也玩味了视觉和口感。

这是我一直最爱的鸡尾酒之一。我喜欢这款酒清澈、素雅的外观，看似透亮却香味四溢。

制作鸡尾酒

50 毫升上等淡朗姆酒，比如百加得白朗姆酒

（Bacardi Carta Blanca）

15 毫升黑樱桃利口酒

35 毫升澄清型西柚汁（详见第 36 页）

15 毫升澄清型酸橙汁（见下文）

1 吧勺糖浆（详见第 26 页）

黑樱桃，点缀用

制作澄清型酸橙汁

量为 750 毫升

1 升酸橙汁

8 克琼脂

制作澄清型酸橙汁时，把酸橙汁倒入平底锅，中火加热，快沸腾时，缓缓加入琼脂，搅拌至完全溶解。关火后冷却至室温，倒入不会产生化学反应的容器中，密封冷冻24 小时。

第二天，取出冷冻的酸橙汁，慢慢融化时，用平纹细布衬里滤网（过滤器）或咖啡滤纸过滤到大碗中。倒入瓶中，冷藏保存，随用随取。

制作鸡尾酒时，把所有原料放入调酒杯或调酒罐中，加入优质方形冰块至酒杯三分之二处。用吧勺搅拌至冰凉，然后过滤到小号飞碟杯或马天尼杯中。用黑樱桃点缀，上酒。

ICE 方形冰块

24 小时准备

2 分钟搅拌

难度 ＊＊＊＊

巧克力和蓝芝士马天尼

2014 年的一个夜晚，我下晚班回到家后，打开冰块发现里面只有一包巧克力消化饼干和一些蓝芝士（千万不要在饿的时候去买食物）。出于好奇，不过主要还是因为饿，我在饼干上加了一点蓝芝士，那一瞬间，一个创意诞生了。在那年年底，我用这个试验结果参加了全球鸡尾酒大赛，在全国总决赛中胜出。

这种往鸡尾酒中添加味道的方法叫做脂肪基酒混合法。就像制作肉汁时去掉肥肉一样，分离两种元素。由此，一杯醇香馥郁、清澈透明的鸡尾酒就诞生了。（脂肪基酒混合法也用于调制第 94 页的香烤大都会、第 120 页的神户鸡尾酒，以及第 133 页的防弹古典鸡尾酒。）

制作鸡尾酒
50 毫升蓝芝士金酒（详见第 165 页）

2 吧勺莫扎特巧克力伏特加

1 吧勺布里奥泰黑可可酒

1 吧勺布里奥泰白可可酒

1 吧勺糖浆（详见第 26 页）

2 吧勺干味美思

4 滴橄榄油，点缀用

2 滴巧克力苦味剂，点缀用

制作鸡尾酒时，把所有原料放入调酒杯或调酒罐中，加入优质方形冰块至酒杯三分之二处。用吧勺搅拌至冰凉，慢慢过滤到小号飞碟杯或马天尼杯中。用吸管将橄榄油滴到酒上面，然后在橄榄油中间滴 2 滴巧克力苦味剂，上酒。

ICE 方形冰块

14 小时准备

2 分钟搅拌

浸液：
蓝芝士金酒

难度 ****

升级版肮脏马天尼

这款酒紧随最近流行咸味鸡尾酒的趋势，是吉普森和肮脏马天尼的结合。我用了最爱的两种调味品，创造了芥末粒和布兰斯顿腌菜马天尼。这是一款具有马麦酱风味的鸡尾酒，不过对那些喜欢芥末、腌菜和牡蛎的人来说（比如我！），这就是酒杯中的天堂。

制作鸡尾酒

35 毫升金酒

25 毫升芥末粒伏特加（详见第 166 页）

15 毫升布兰斯顿腌菜伏特加（详见第 166 页）

15 毫升干味美思

1 个牡蛎，点缀用（可不选）

制作鸡尾酒时，把所有原料放入调酒杯或调酒罐中，加入优质方形冰块至三分之二杯处。用吧勺搅拌至冰凉，慢慢过滤至飞碟杯或马天尼杯中。

若想再咸一点，可以先在酒杯底部放一个去壳的牡蛎，然后再倒入鸡尾酒。

马麦酱（Marmite）：英国的一种传统酱料，是啤酒酿造过程中的副产品。由于气味刺激，口味咸而浓烈，导致人们对它的喜好程度呈两极化。

——编者注

防弹古典鸡尾酒

对于没有喝过防弹咖啡的人来说，可能很难体会它的好。这是一种更加香醇浓厚的单品咖啡。它不含霉菌毒素，煮后加入无盐的草饲黄油，然后就有了你尝过的最顺滑、最可口的咖啡。

把这个创意加到鸡尾酒中带来了很多乐趣。我选择黄油作为这款酒的主味道，而不是咖啡，使酒的外观更加光滑细腻，与龙舌兰搭配的效果极佳。花些时间找找合适的草饲黄油，不要买含盐的，二者的效果迥然不同。

制作鸡尾酒

60 毫升黄油洗过的龙舌兰（详见第 162 页）

2 吧勺枫糖浆

10 毫升芮斯崔朵伏特加（详见第 166 页）

5 ~ 8 滴焦糖苦味剂（详见第 28 页）

制作鸡尾酒时，把所有原料放入调酒杯或调酒罐中，并加入优质方形冰块。用吧勺搅拌至冰凉，慢慢过滤至加了优质方形冰块或大冰块的洛克杯中。

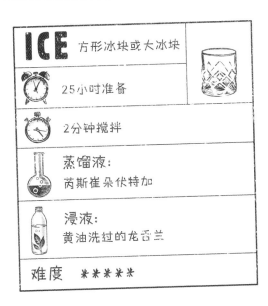

ICE 方形冰块或大冰块	
⏰ 25小时准备	
⏱ 2分钟搅拌	
🧪 蒸馏液：芮斯崔朵伏特加	
🧴 浸液：黄油洗过的龙舌兰	
难度 *****	

欧芹鸡尾酒

这款鸡尾酒中的欧芹给香蕉利口酒带来了鲜绿蔬菜的香味。为了保持味道均衡，一定要小心称量，因为欧芹和香蕉哪个放多了都会盖过对方的味道。柠檬皮点缀看似无足轻重，其实至关重要，它既平衡了酒的甜味，又压制了欧芹的特点。

制作鸡尾酒
60 毫升欧芹伏特加（详见第 167 页）

20 毫升布里奥泰香蕉酒

15 毫升好奇美国佬

硬币大小的柠檬皮，点缀用

制作鸡尾酒时，把所有原料放入调酒杯或调酒罐中，加入优质方形冰块至酒杯三分之二处。用吧勺搅拌至冰凉，然后过滤至小马天尼杯中。捏捏柠檬皮，把皮中的油脂挤到酒和杯脚上，然后将柠檬皮放到酒的表面上，上酒。

ICE	方形冰块	
⏰	1.5小时准备	
⏱	2分钟搅拌	
⚗	浸液：欧芹伏特加	
难度	✱✱✱✱✱✱	

花生黑麦干型鸡尾酒

　　宽泛地说，这款酒根据经典的教父鸡尾酒而创制，仿效花生酱的香滑。味美思酒不仅添加了偏干的口感，其类似坚果的味道与花生酱利口酒相辅相成。

制作鸡尾酒
35 毫升花生酱利口酒（详见第 167 页）
25 毫升黑麦威士忌
1 吧勺干味美思酒

　　制作鸡尾酒时，把所有原料放入调酒杯或调酒罐中，加入优质方形冰块。用吧勺搅拌至冰凉，慢慢过滤至加了优质方形冰块或碎冰的洛克杯中。

ICE 方形冰块和碎冰

1小时准备

2分钟搅拌

蒸馏液：
花生酱利口酒

难度 ＊＊＊＊＊

顿悟鸡尾酒

你是否感受过刹那间的领悟？这款惹人喜爱的鸡尾酒虽然看似清新，实则有深度。花蜜的芬芳喷在香槟上，焦糖和枫糖的基调使得蜜香更加丰富。

制作鸡尾酒
35 毫升花粉伏特加（详见第 167 页）

10 滴焦糖苦味剂（详见第 28 页）

2 ~ 3 吧勺蜂蜜枫糖浆（见下文）

90 毫升香槟

制作蜂蜜枫糖浆
量为 150 毫升

100 毫升枫糖浆

50 毫升稀蜂蜜

制作蜂蜜枫糖浆时，把枫糖浆和蜂蜜倒入碗中，搅拌至充分混合。静置，用前再次搅拌。

制作鸡尾酒时，把花粉伏特加、焦糖苦味剂和蜂蜜枫糖浆倒入香槟杯中，再倒入香槟，轻轻搅拌混合，上酒。

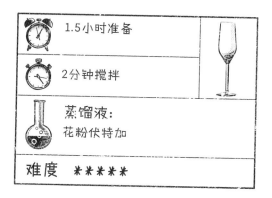

1.5 小时准备

2 分钟搅拌

蒸馏液：
花粉伏特加

难度 *****

芝麻鸡尾酒

在这款解渴的鸡尾酒中，香醇甘甜的椰子与浓郁土香的苏格兰酒是一对完美的搭档。芝麻油给酒添加了一种坚果味，让酒变得既香甜可口又提神醒脑。

制作鸡尾酒

60 毫升芝麻苏格兰蒸馏液（详见第 168 页）

1 吧勺塔利斯克威士忌

90 毫升椰汁

30 毫升椰汁糖浆

薄片椰肉和薄荷枝，点缀用

制作椰汁糖浆

量为 250 毫升

150 毫升椰汁

150 克精幼砂糖（精制白砂糖）

制作椰汁糖浆时，把两种原料倒入大罐或大碗中，搅拌至精幼砂糖（精制白砂糖）溶解。倒入瓶中，冷藏保存，随用随取。

制作鸡尾酒时，往高球杯中加入优质方形冰块或碎冰至酒杯三分之二处，然后倒入原料。用吧勺搅拌至冰凉，用薄片椰肉和薄荷枝（搅拌释放其香味）点缀，上酒。

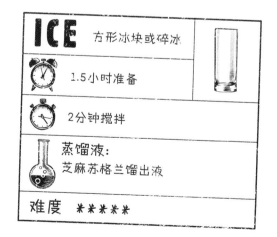

ICE	方形冰块或碎冰
	1.5 小时准备
	2 分钟搅拌
蒸馏液：芝麻苏格兰馏出液	
难度 *****	

鲜味玛丽

我认为这是所有人早午餐时的最爱。香菇与伏特加和金酒是完美搭档，和龙舌兰搭配起来也很赞。这款酒采用了鲜美且有坚果味的香菇，蒸馏至伏特加中，加入混合香料，上面再放上一片优质番茄片，一杯上好的血腥玛丽就此诞生了。

制作鸡尾酒

35 毫升香菇伏特加（详见第 168 页）

2 吧勺柠檬汁

20 毫升混合香料

100 毫升番茄汁

刺山柑和柠檬片，点缀用

制作混合香料

量为 450 毫升

60 克黑胡椒

30 克绿胡椒

30 克干柠檬皮

20 克干安可辣椒

4 克孜然

10 克海盐

185 克红辣椒，切片

100 克哈拉佩纽辣椒，切片

70 克塔巴斯科红辣椒酱

60 毫升塔巴斯科绿辣椒酱

260 毫升酱油

75 毫升买鸭醋

100 毫升哈拉佩纽辣椒腌制盐水

125 毫升水

如果想要更香一点，只需再加一点混合香料——30 毫升足矣。

制作混合香料时，把胡椒、柠檬皮、干辣椒、孜然和海盐放入搅拌器中，有节奏地搅拌至充分混合。加入红辣椒和哈拉佩纽辣椒，再次有节奏地搅拌混合，捣碎辣椒。倒入其余原料，再次搅拌至充分混合，然后倒入不会产生化学反应的容器中，密封冷藏保存24 小时以上。

第二天，用细滤网（过滤器）过滤到大碗中，冷藏保存，随用随取。

制作鸡尾酒时，往高球杯中加入优质方形冰块至酒杯三分之二处，再倒入原料。用吧勺搅拌至冰凉，用一颗刺山柑和一片柠檬点缀，上酒。

ICE 方形冰块	
24 小时准备	
2 分钟搅拌	
蒸馏液：香菇伏特加	
浸液：混合香料	
难度 *****	

青苹果黑麦威士忌

　　黄瓜、苹果和接骨木花都非常清新、清脆，组合起来效果更佳。我加了注入苹果味的黑麦威士忌，让这些夏天的味道更加完美，也给这款提神醒脑的酒增加了浓郁的味道。

制作鸡尾酒

45 毫升绿苹果黑麦威士忌（详见第 168 页）

14 毫升圣哲曼接骨木花利口酒

15 毫升糖浆（详见第 26 页）

2 滴黄瓜苦味剂（详见第 29 页）

1 滴苹果酸溶液（见下文）

60 毫升普罗塞克

长条黄瓜片，点缀用

制作苹果酸溶液

50 毫升伏特加

35 克苹果酸粉

　　制作苹果酸溶液时，把伏特加和苹果酸倒入罐中，搅拌至苹果酸全部溶解。倒入瓶中，冷藏保存，随用随取。

　　制作鸡尾酒时，把长条黄瓜片环绕在科林杯内，倒入优质方形冰块或碎冰。随后把除普罗塞克之外的原料倒入调酒杯或调酒罐，加入优质方形冰块，用吧勺搅拌至冰凉。倒入普罗塞克，轻轻转动调酒罐，混合味道。过滤至酒杯中，可根据需要再加一些新鲜冰块，上酒。

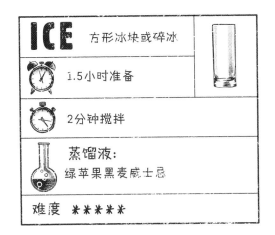

ICE 方形冰块或碎冰

1.5 小时准备

2 分钟搅拌

蒸馏液：
绿苹果黑麦威士忌

难度 ＊＊＊＊＊

黑俄罗斯叛变

我最近为杜克与华夫餐厅设计了名为"色盲"的菜单，这款酒专为这个菜单而创制。这款酒主要是想说明颜色是如何影响我们对味道的认识，就像粉饰橱窗的影响一样，吸引着我们用眼睛来购物。

制作鸡尾酒

35 毫升芮斯崔朵伏特加（详见第 166 页）

20 毫升黑牛伏特加

15 毫升分离的甘露咖啡利口酒（详见第 169 页）

15 毫升布里奥泰白可可酒

1 吧勺糖浆（详见第 26 页）

制作可乐着色剂

150 毫升可乐（最好没有气）

2 克果胶粉（可乐重量的 1.5% ~ 3%）

制作可乐着色剂时，把可乐倒入微波炉可用的容器中，用手持式（浸入式）搅拌器有节奏地搅拌，尽量去除碳酸。称量液体重量，加上液体重量 1% 的果胶。放入微波炉，中高温加热 1 分钟。再次有节奏地搅拌，确保果胶全部溶解。现在液体应该黏稠一些，如果没有，再加 0.5% 的果胶，再来一次。用细滤网（过滤器）过滤，冷藏 3 小时以上，使其变得更加黏稠。

制作鸡尾酒前 1 小时，冷冻酒杯。冷冻后，在每个酒杯内部涂一条可乐着色剂。制作鸡尾酒时，再次冷冻酒杯。随后把除着色剂之外的所有原料放入调酒杯或调酒罐中，加入优质方形冰块，用吧勺搅拌至冰凉。慢慢过滤至小号马天尼杯中，上酒。

干草鸡尾酒

杰克·丹尼威士忌注入了干草的质朴香味，同时在焦糖苦中带甜的味道中得到升华。这是我最爱的鸡尾酒之一，适合深夜和朋友把一切收拾完毕后尽情享用。

制作鸡尾酒

50 毫升干草杰克·丹尼威士忌（详见第 169 页）

1 吧勺枫糖浆

8 ~ 10 滴焦糖苦味剂（详见第 28 页）

制作鸡尾酒时，把所有原料放入调酒杯中，加入优质方形冰块，用吧勺搅拌至冰凉。洛克杯中放一块大冰块，然后慢慢过滤至酒杯中，上酒。

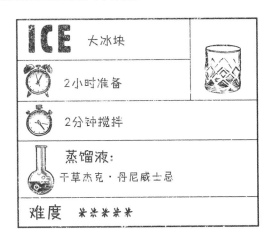

干草鸡尾酒

山葵鸡尾酒

这款酒基于维斯帕鸡尾酒，因为曾出现在根据伊恩·弗莱明（Ian Fleming）创作的邦德小说改编的电影《007：大战皇家赌场》（Casino Royale）中而一炮走红。我的这个版本中，亨利金酒中的黄瓜味中和并且升华了山葵的泥土香和辛辣，最终达到的微妙均衡煽动着你的味蕾，而不会盖过彼此的味道。

制作鸡尾酒
30 毫升亨利金酒
30 毫升山葵伏特加（详见第 169 页）
30 毫升利莱白开胃酒
4 滴黄瓜苦味剂（详见第 29 页）
长条黄瓜片，点缀用

制作鸡尾酒时，把所有原料倒入调酒杯或调酒罐中，加入优质方形冰块。用吧勺搅拌至冰凉，双层过滤至小号马天尼杯中。把长条黄瓜片卷成螺旋状放在杯中，上酒。

ICE	方形冰块	
⏰	1小时准备	
⏱	2分钟搅拌	
🧪	蒸馏液： 山葵伏特加	
难度	★★★★★	

制作澄清型血腥玛丽时（详见第72页），
何不尝试一下山葵伏特加，调制出另一种慢酌
浅饮的玛丽式鸡尾酒呢？

蒸馏液和浸液

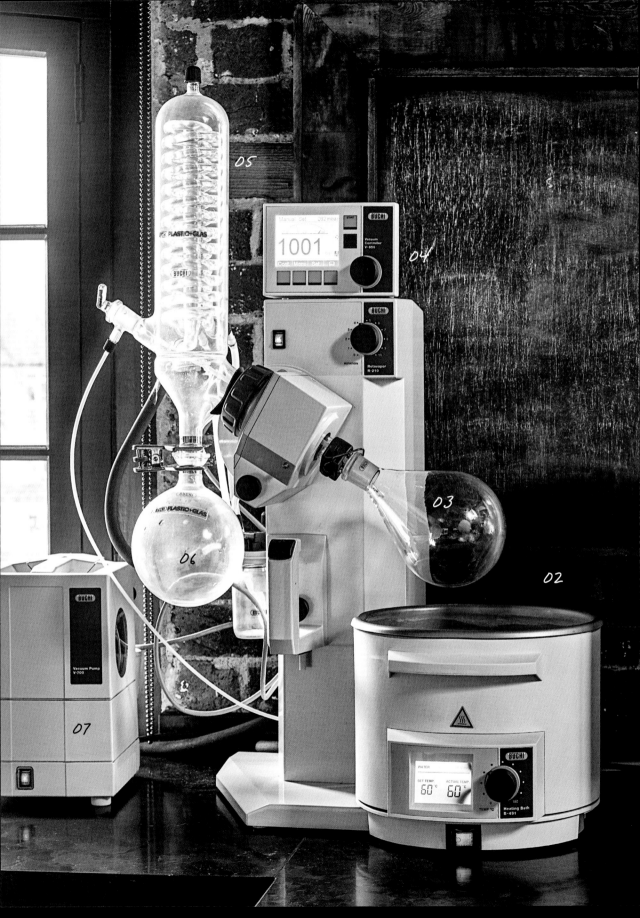

01
冷却水循环机
内有冷却水，通过冷凝管循环

02
水浴锅
可精准控温，同时控制蒸发瓶周围的水循环

03
蒸发瓶
内含你想蒸馏的浸液，水或含酒精物质均可，含有用于蒸馏的混合物

04
旋转蒸发仪控制器
调节控制蒸发仪的气压，也可预先设置蒸馏时间，反复蒸发

05
冷凝管
浸液蒸发后到冷凝管，变成液体，收集到回收瓶中

06
回收瓶
用于收集蒸馏后的浸液

07
真空泵
通过真空控制蒸馏速度和压力的隔膜泵

蒸馏和真空蒸发

　　旋转蒸发仪是我调酒时用到的最复杂的工具之一。其价格昂贵，所以可能不太适合在家使用，不过效果出奇的好。你可以用它来蒸馏酒或者任何液体，加入各种混合物或原料，创造其他方法无法实现的多种味道。这个过程需要降低液体及其所含混合物的压力，从而降低其沸点。和传统的煮沸法一样，液体蒸发，成为气态，遇冷再变回液态。最终的液体或者蒸馏液富含原始浸液和混合物的味道。具体过程如下：

1. 把酒和你想注入的混合物（从香草、香料到花生酱等人工制品均可）放入蒸发瓶中。

2. 把蒸发瓶放入水浴锅之前，将水浴锅预先加热到指定温度。

3. 通过真空泵降低蒸发仪系统的气压，进而降低蒸馏物的沸点。

4. 旋转蒸发仪把蒸发瓶放入预先加热的水浴锅，旋转蒸发瓶保证受热均匀。

5. 蒸发瓶中的液体沸腾后开始蒸发，气体上升至冷凝器，在那里冷却水循环机里的液体使其冷却。

6. 气体冷却后变回液态，经过冷凝器滴入回收瓶中。

7. 蒸馏液高度浓缩了原始混合物的味道。随后还可加入矿泉水进行精馏，然后便可使用。

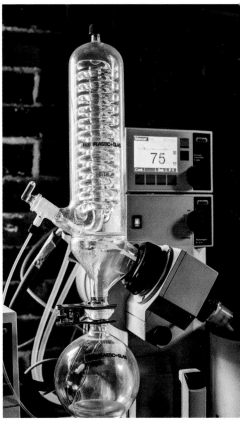

浸 液

香菜金酒
量约为 500 毫升

500 毫升金酒

1 捆香菜

1. 把原料放入不会产生化学反应的容器中，密封静置 1 小时以上（若想味道更浓，可以静置再久一些）。
2. 味道注入后，用平纹细布衬里滤网（过滤器）或咖啡滤纸过滤，收集液体。
3. 倒入瓶中，冷藏保存，随用随取。

苦橙花金酒
量约为 450 毫升

500 毫升金酒

10 克干苦橙皮

1. 把原料放入不会产生化学反应的容器中，密封静置 5 小时以上。
2. 味道注入后，用平纹细布衬里滤网（过滤器）或咖啡滤纸过滤，收集液体。
3. 倒入瓶中，冷藏保存，随用随取。

松针泡过的阿佩罗酒
量约为 500 毫升

500 毫升阿佩罗酒

8 滴松针香精

1. 将水浴锅设为摄氏 45 度，预先加热。
2. 把原料放入袋中，真空密封。
3. 把真空袋放入水浴锅煮 50 分钟。
4. 取出真空袋，静置冷却。
5. 用咖啡滤纸过滤至大罐或大碗中。
6. 倒入瓶中，冷藏保存，随用随取。

莳萝花粉泡过的雪利酒
量约为 350 毫升

5 克莳萝花粉

350 毫升菲诺雪利酒

1. 将水浴锅设为摄氏 45 度，预先加热。
2. 把原料放入袋中，真空密封。
3. 把真空袋放入水浴锅煮 40 分钟。
4. 取出真空袋，静置冷却。
5. 用咖啡滤纸过滤至大罐或大碗中。
6. 倒入瓶中，冷藏保存，随用随取。

甜菜根和巧克力利口酒
量为 500 毫升

25 克食用冻干甜菜根（甜菜）

350 毫升伏特加

125 毫升布里奥泰白可可酒。

150 毫升糖浆（详见第 26 页），依据口味可多加。

1. 把甜菜根（甜菜）、伏特加和可可利口酒放入不会产生化学反应的塑料容器内，密封静置 12 小时以上，放一夜更好。
2. 味道注入后，用茶巾或细滤网（过滤器）过滤，收集液体。
3. 加入糖浆，搅拌混合。如果你喜欢较甜的利口酒，可以根据你的口味多加一些糖浆。
4. 倒入瓶中，冷藏保存，随用随取。

特浓咖啡伏特加
量约为 500 毫升

500 毫升伏特加

50 克胡桃壳

100 克蒲公英叶子

10 克桦树皮

1. 把原料放入不会产生化学反应的容器中，密封静置 12 小时以上。
2. 味道注入后，用平纹细布衬里滤网（过滤器）或咖啡滤纸过滤，收集液体。
3. 倒入瓶中，冷藏保存，随用随取。

卡菲尔酸橙叶金酒
量为 500 毫升

28 克卡菲尔酸橙叶，撕碎

500 毫升金酒

1. 把酸橙叶和金酒放入奶油发泡器底部。
2. 上盖密封，装上气弹。
3. 用力摇晃，然后换一个气弹，再次用力摇晃。
4. 将奶油发泡器倒置，把金酒倒入不会产生化学反应的高容器内。
5. 常温保存，随用随取。

豌豆泡过的金酒
量约为 700 毫升

700 毫升金酒

225 克甜豌豆，豆荚折断释放气味

10 克薄荷叶

1. 把金酒倒入不会产生化学反应的塑料容器内。
2. 加入甜豌豆和薄荷，密封冷藏 24 小时以上，每隔几小时转动或轻轻摇晃一次。
3. 味道注入后，用平纹细布衬里滤网（过滤器）或咖啡滤纸过滤，收集液体。
4. 倒入瓶中，冷藏保存，随用随取，保质期 2 周。

黑樱桃利口酒
量约为 400 毫升

12 毫升食用黑莓香精

350 毫升伏特加

100 克精幼砂糖（精制白砂糖）

1. 把香精和伏特加放入不会产生化学反应的容器中，密封静置 1 小时。
2. 味道注入后，用平纹细布衬里滤网（过滤器）或咖啡滤纸过滤，收集液体。
3. 加入精幼砂糖（精制白砂糖），搅拌至全部溶解，倒入瓶中，冷藏保存，随用随取。

椰子淡朗姆酒
量约为 500 毫升

500 毫升淡朗姆酒

2.5 克食用椰子香精

1. 把淡朗姆酒和香精倒入空瓶或不会产生化学反应的容器内密封。
2. 转动容器，混合味道，冷藏保存，随用随取。

金盏花伏特加
量约为 500 毫升

500 毫升伏特加

10 克金盏花瓣，清洗一下

1. 把伏特加和金盏花瓣放入不会产生化学反应的容器中，密封静置 4 小时以上（若想味道更浓，可以再久一些）。
2. 味道注入后，用平纹细布衬里滤网（过滤器）或咖啡滤纸过滤，收集液体。
3. 倒入瓶中，冷藏保存，随用随取。

苏格兰酒花
量约为 500 毫升

500 毫升苏格兰威士忌

10 克酒花（我喜欢戈尔丁酒花）

1. 将水浴锅设为摄氏 50 度，预先加热。
2. 把原料放入袋中，真空密封。
3. 把真空袋放入水浴锅煮 45 分钟。
4. 取出真空袋，静置冷却。
5. 用 100 微米滤袋过滤至大罐或大碗中。
6. 倒入瓶中，冷藏保存，随用随取。

哈拉佩纽辣椒龙舌兰
量约为 500 毫升

500 毫升微陈龙舌兰

8 ~ 10 片腌哈拉佩纽辣椒片

1. 把龙舌兰和腌哈拉佩纽辣椒片放入空瓶或不会产生化学反应的容器中，密封静置 12 小时以上。（若想不太辣，最多可放 5 小时。）
2. 冷藏保存，随用随取，使用前过滤掉辣椒片。

潘妮托妮泡过的科尼亚克白兰地
量约为 500 毫升

500 克潘妮托妮

700 毫升科尼亚克白兰地

1. 把潘妮托妮和科尼亚克白兰地放入不会产生化学反应的容器中，密封静置 5 小时以上或一整夜。
2. 味道注入后，用滤网（过滤器）或咖啡滤纸过滤，收集液体，确保挤出并过滤潘妮托妮面包片中的残留液体。
3. 倒入瓶中，冷藏保存，随用随取。

花朵利口酒
量为 500 毫升

500 毫升圣哲曼接骨木花利口酒

15 克矢车菊花

10 克金盏花瓣

1. 把原料放入不会产生化学反应的容器中，密封静置 24 小时以上。
2. 味道注入后，用平纹细布衬里滤网（过滤器）或咖啡滤纸过滤，收集液体。
3. 倒入瓶中，冷藏保存，随用随取。

普罗旺斯大都会混液
量为 500 毫升

350 毫升柠檬味伏特加

150 毫升白橙皮利口酒

10 克普罗旺斯干香料

1. 把原料放入不会产生化学反应的容器中，密封静置 24 小时以上。
2. 味道注入后，用平纹细布衬里滤网（过滤器）或咖啡滤纸过滤，收集液体。
3. 倒入瓶中，冷藏保存，随用随取。

香烤大都会混液
量约为 375 毫升

2 大块骨髓

4 枝迷迭香

250 毫升柠檬味伏特加

125 毫升白橙皮利口酒

1. 将烤箱设为摄氏 200 度，预先加热，烤盘铺一层锡箔纸。

2. 把骨髓放入烤盘，用盐、辣椒和烤肉料调味，烤 20 ~ 25 分钟，直至全熟，取出静置。

3. 水浴锅设为摄氏 60 度，预先加热。

4. 把骨髓和其余原料放入袋中，真空密封。

5. 把真空袋放入水浴锅，煮 45 分钟，不时搅拌，混合味道。

6. 取出真空袋，静置冷却。

7. 冷却后，冷冻 3 ~ 4 小时，使脂肪和固体凝固冷冻。

8. 小心地取出袋中的骨髓并丢弃，然后用平纹细布衬里滤网（过滤器）或咖啡滤纸过滤，收集液体（这个过程约 30 分钟）。

9. 倒入瓶中，冷藏保存，随用随取。

黑醋栗乌里叔侄朗姆酒
量约为 125 毫升

125 毫升超高度朗姆酒

20 滴食用黑醋栗香精

1. 把朗姆酒和黑醋栗香精放入空瓶或不会产生化学反应的容器中密封。

2. 转动容器，混合味道，冷藏保存，随用随取。

咖啡好奇美国佬美味思酒混液
量约为 350 毫升

10 克咖啡渣

1. 将水浴锅设为摄氏 45 度，预先加热。

2. 把原料放入袋中，真空密封。

3. 把真空袋放入水浴锅，煮 35 分钟。

4. 取出真空袋，静置冷却。

5. 用平纹细布衬里滤网（过滤器）或咖啡滤纸过滤至大罐或大碗中。

6. 倒入瓶中，冷藏保存，随用随取。

咖啡利口酒
量约为 400 毫升

100 克现磨咖啡豆

500 毫升伏特加

100 克精幼砂糖（精制白砂糖）

1. 把咖啡豆和伏特加放入不反应的塑料容器中，密封静置 48 小时。

2. 味道注入后，用平纹细布衬里滤网（过滤器）或咖啡滤纸过滤，收集液体。

3. 加入精幼砂糖，搅拌混合。如果你喜欢较甜的利口酒，可以根据口味多加一点糖。

4. 倒入瓶中，冷藏保存，随用随取。

咖啡泡过的黑朗姆酒
量约为 450 毫升

50 克咖啡渣

500 毫升百加得黑朗姆酒

1. 把咖啡渣和朗姆酒放入不反应的塑料容器中，密封静置 30
   分钟。
2. 味道注入后，用平纹细布衬里滤网（过滤器）或咖啡滤纸过滤，
   收集液体。
3. 倒入瓶中，冷藏保存，随用随取。

应季科尼亚克白兰地
量约为 350 毫升

350 毫升科尼亚克白兰地

300 克梨，切成薄片

125 克黑莓

2 根肉桂棒，掰成碎片

1. 水浴锅设为摄氏 45 度，预先加热。
2. 把原料放入袋中，真空密封。
3. 把真空袋放入水浴锅，煮 40 分钟。
4. 取出真空袋，静置冷却。
5. 用平纹细布衬里滤网（过滤器）或咖
   啡滤纸过滤至大罐或大碗中。
6. 倒入瓶中，冷藏保存，随用随取。

雀巢巧克力牛奶片利口酒
量约为 500 毫升

250 克雀巢巧克力（或者其他白巧克力）牛奶片

250 毫升伏特加

45 克奶粉

250 毫升水

1. 往大平底锅中加水至锅的三分之一处，高温加热。煮沸后，转为小火。
2. 把巧克力牛奶片放入耐高温的大碗中，架在平底锅上，确保碗底不碰水。不断搅拌至巧克力完全
   熔化，取出静置。
3. 把伏特加、奶粉和 250 毫升水倒入罐中，搅拌至充分混合。
4. 不断搅拌，在伏特加混合液中倒入熔化的巧克力，不断搅拌至充分混合。
5. 把混合液倒入不会产生化学反应的容器中，密封冷藏 1 小时以上，分离巧克力利口酒中的脂肪。
6. 冷却后，用细滤网（过滤器）过滤，去除高脂固体，收集液体。
7. 倒入瓶中，冷藏保存，随用随取，保质期 5 天。

黑橄榄马天尼白味美思酒
量约为 350 毫升

350 毫升马天尼白味美思酒

3 克食用黑橄榄香精

1. 把马天尼白味美思酒和黑橄榄香精倒入空瓶或不会产生化学反应的容器中密封。
2. 转动容器，混合味道，冷藏保存，随用随取。

月桂、桦树皮和香草伏特加
量约为 350 毫升

350 毫升伏特加

8 片月桂叶

1 克桦树皮

4 个香草荚，纵向一剖为二

1. 水浴锅设为摄氏 45 度，预先加热。
2. 把原料放入袋中，真空密封。
3. 把真空袋放入水浴锅，煮 25 分钟。
4. 取出真空袋，静置冷却。
5. 用平纹细布衬里滤网（过滤器）或咖啡滤纸过滤至大罐或大碗中。
6. 倒入瓶中，冷藏保存，随用随取。

黄油洗过的龙舌兰
量约为 600 毫升

700 毫升培恩金樽龙舌兰

500 克草饲无盐黄油，熔化

1. 将水浴锅设为摄氏 50 度，预先加热。
2. 把原料放入袋中，真空密封。
3. 把真空袋放入水浴锅煮 55 分钟。
4. 取出真空袋，静置冷却。冷却后，把真空袋冷冻 24 小时，凝固脂肪。
5. 剪开真空袋的一角，用平纹细布衬里滤网（过滤器）或咖啡滤纸过滤，收集液体（这个过程大约需要 30 分钟）。
6. 倒入瓶中，冷藏保存，随用随取。

葛缕子龙舌兰
量约为 250 毫升

250 毫升卡贝萨龙舌兰(或者其他略带泥土味的品牌)

7 克葛缕子

1. 将水浴锅设为摄氏 45 度，预先加热。
2. 把原料放入袋中，真空密封。
3. 把真空袋放入水浴锅，煮 35 分钟。
4. 取出真空袋，静置冷却。
5. 用平纹细布衬里滤网（过滤器）或咖啡滤纸过滤至大罐或大碗中。
6. 倒入瓶中，冷藏保存，随用随取。

焦糖红洋葱浓缩液
量约为 250 毫升

200 克精幼砂糖（精制白砂糖）

15 克食用红洋葱香精

200 毫升伏特加

1 克鼠尾草叶，撕碎

1. 把糖放入平底锅中，中火加热至金黄色糖浆，不要搅拌，否则糖会结晶。
2. 往锅中加入红洋葱香精，搅拌混合，关火，缓缓倒入一半伏特加。
3. 再次低温加热，加入鼠尾草叶。继续加热，不时地搅拌，直至焦糖溶解到伏特加中，关火冷却。
4. 冷却后，倒入剩余的伏特加，用平纹细布衬里滤网（过滤器）或咖啡滤纸过滤到不会产生化学反应的容器中。
5. 密封冷藏保存，随用随取。

日本柚子金酒
量约为 350 毫升

50 克日本柚子皮

350 毫升金酒

1. 把原料放入不会产生化学反应的容器中，密封静置 6 小时以上。
2. 味道注入后，用平纹细布衬里滤网（过滤器）或咖啡滤纸过滤，收集液体。
3. 倒入瓶中，冷藏保存，随用随取。

日本柚子利口酒
量约 500 毫升

50 克日本柚子皮

350 毫升伏特加

1 克柠檬酸粉

150 毫升糖浆（详见第 26 页）

1. 把日本柚子皮和伏特加放入不会产生化学反应的容器中，密封静置 6 小时以上。
2. 味道注入后，用平纹细布衬里滤网（过滤器）或咖啡滤纸过滤，收集液体。
3. 加入柠檬酸，搅拌至溶解，然后加入糖浆。
4. 倒入瓶中，冷藏保存，随用随取。

冬日利口酒
量约 550 毫升

600 克优质百果馅

700 毫升金酒

1. 将水浴锅设为摄氏 45 度，预先加热。
2. 把原料放入袋中，真空密封。
3. 把真空袋放入水浴锅煮 50 分钟，不时搅拌，混合味道。
4. 取出真空袋，静置冷却。
5. 冷却后，把真空袋冷冻 12 小时，凝固脂肪。
6. 剪开真空袋的一角，用平纹细布衬里滤网（过滤器）或咖啡滤纸过滤，收集液体（这个过程大约需要 30 分钟）。
7. 倒入瓶中，冷藏保存，随用随取。

红胡椒金酒
量约 500 毫升

500 毫升金酒

10 滴食用红胡椒香精

1. 将水浴锅设为摄氏 45 度，预先加热。
2. 把原料放入袋中，真空密封。
3. 把真空袋放入水浴锅煮 50 分钟。
4. 取出真空袋，静置冷却。
5. 用平纹细布衬里滤网（过滤器）或咖啡滤纸过滤至大罐或大碗中。
6. 倒入瓶中，冷藏保存，随用随取（最初可能略显混浊，不过几小时后便会透彻明亮）。

橡果利口酒
量约为 500 毫升

350 毫升灰雁伏特加

5 克食用橡果香精

150 克精幼砂糖（精制白砂糖）

1. 将水浴锅设为摄氏 45 度，预先加热。
2. 把伏特加和橡果香精放入袋中，真空密封。
3. 把真空袋放入水浴锅煮 45 分钟。
4. 取出真空袋，静置冷却。
5. 倒入不会产生化学反应的容器中，加入白砂糖，搅拌至溶解。
6. 密封冷藏保存，随用随取。

神户和牛威士忌
量约为 650 毫升

100 克神户和牛脂肪

700 毫升日本威士忌

1. 将水浴锅设为摄氏 45 度，预先加热。
2. 把大煎锅或长柄锅放在火上，中火加热。锅热后，放入牛脂肪，煎至全部熔化。
3. 把威士忌放入袋中，然后加入热脂肪油（因为先加脂肪油会损坏真空袋），真空密封。
4. 把真空袋放入水浴锅，煮 50 分钟。
5. 取出真空袋，静置冷却。
6. 冷却后，把真空袋冷冻 8 小时以上，凝固脂肪（冷冻时间越长，酒就会越清澈）。
7. 剪开真空袋的一角，用平纹细布衬里滤网（过滤器）或咖啡滤纸过滤，收集液体（这个过程大约需要 30 分钟）。
8. 倒入瓶中，冷藏保存，随用随取。

蓝芝士金酒
量约为 700 毫升

300 克优质蓝芝士，切成 2 厘米的立方体

700 毫升孟买蓝宝石金酒

1. 水浴锅设为摄氏 52 度，预先加热。
2. 把芝士和金酒放入袋中，真空密封。
3. 把真空袋放入水浴锅，煮 50 分钟。
4. 取出真空袋，静置冷却。冷却后，把真空袋冷冻 8 小时以上，凝固脂肪。
5. 剪开真空袋的一角，用平纹细布衬里滤网（过滤器）或咖啡滤纸过滤，收集液体（这个过程大约需要 30 分钟）。
6. 倒入瓶中，冷藏保存，随用随取。

松针金酒
量约为 700 毫升

200 克松针，清洗一下

700 毫升亨利金酒

1. 把原料放入不会产生化学反应的容器中，密封静置 24 小时以上。
2. 味道注入后，用平纹细布衬里滤网（过滤器）或咖啡滤纸过滤，收集液体。
3. 倒入瓶中，冷藏保存，随用随取。

蒸馏液

芮斯崔朵伏特加
量约为 350 毫升

22 克新鲜的咖啡豆

155 毫升现煮特浓咖啡

350 毫升伏特加

矿泉水，精馏用

1. 将蒸发仪的水浴锅设为摄氏 50 度，预先加热。
2. 把原料放入蒸发瓶，坐在水浴锅上。
3. 开始蒸馏，慢慢把压力降到 50 毫巴。
4. 收集 350 毫升蒸馏液后停止。
5. 加矿泉水精馏，得出 40 度的酒。
6. 把蒸馏后的伏特加倒入瓶中，冷藏保存，随用随取。

芥末粒伏特加
量约为 500 毫升

75 克芥末粒

500 毫升伏特加

矿泉水，精馏用

1. 将蒸发仪的水浴锅设为摄氏 55 度，预先加热。
2. 把芥末粒和伏特加倒入蒸发瓶，坐在水浴锅上。
3. 开始蒸馏，慢慢把压力降到 60 毫巴。
4. 收集 500 毫升蒸馏液后停止。
5. 加矿泉水精馏，得出 40 度的酒。
6. 把蒸馏后的伏特加倒入瓶中，冷藏保存，随用随取。

布兰斯顿腌菜伏特加
量约为 500 毫升

215 克布兰斯顿腌菜

500 毫升伏特加

矿泉水，精馏用。

1. 蒸发仪的水浴锅设为摄氏 60 度，预先加热。
2. 把布兰斯顿腌菜和伏特加倒入搅拌器中，猛烈搅拌，捣碎大块腌菜。倒入蒸发瓶，坐在水浴锅上。
3. 开始蒸馏，慢慢把压力降到 50 毫巴。
4. 收集 500 毫升蒸馏液后停止。
5. 加矿泉水精馏，得出 40 度的酒。
6. 把蒸馏后的伏特加倒入瓶中，冷藏保存，随用随取。

欧芹伏特加
量约为 400 毫升

350 毫升伏特加

35 克平叶欧芹，清洗一下

矿泉水，精馏用

1. 将蒸发仪的水浴锅设为摄氏 48 度，预先加热。
2. 把伏特加和西芹倒入搅拌器中，猛烈搅拌混合。倒入蒸发瓶，坐在水浴锅上。
3. 开始蒸馏，慢慢把压力降到 50 毫巴。
4. 收集 350 毫升蒸馏液后停止。
5. 加矿泉水精馏，得出 50 度的酒。
6. 把蒸馏后的伏特加倒入瓶中，冷藏保存，随用随取。

花粉伏特加
量约为 700 毫升

700 毫升伏特加

120 克花粉

矿泉水，精馏用

1. 将蒸发仪的水浴锅设为摄氏 55 度，预先加热。
2. 把伏特加和花粉倒入搅拌器中，猛烈搅拌混合。倒入蒸发瓶，坐在水浴锅上。
3. 开始蒸馏，慢慢把压力降到 45 毫巴。
4. 收集 500 毫升蒸馏液后停止。
5. 加矿泉水精馏，得出 40 度的酒。
6. 把蒸馏后的伏特加倒入瓶中，冷藏保存，随用随取。

花生酱利口酒
量约为 500 毫升

350 毫升伏特加

340 克花生酱

125 克精幼砂糖（精制白砂糖）

1. 将蒸发仪的水浴锅设为摄氏 50 度，预先加热。
2. 把伏特加和花生酱倒入搅拌器中，猛烈搅拌混合。倒入蒸发瓶，坐在水浴锅上。
3. 开始蒸馏，慢慢把压力降到 50 毫巴。收集 350 毫升蒸馏液后停止。
4. 另把精精幼砂糖（精制白砂糖）倒入平底锅，中火加热，熬成焦糖。不要搅拌，否则糖会结晶。
5. 熬成焦糖后，关火稍稍冷却。加入花生酱蒸馏液，低温加热。
6. 文火熬至焦糖溶化到蒸馏液中，然后关火冷却。
7. 冷却后，用平纹细布衬里滤网（过滤器）或咖啡滤纸过滤，倒入瓶中。
8. 冷藏保存，随用随取。

芝麻苏格兰蒸馏液
量约为 350 毫升

350 毫升苏格兰调和威士忌

15 毫升芝麻油

矿泉水，精馏用

1. 将蒸发仪的水浴锅设为摄氏 52 度，预先加热。
2. 把原料倒入蒸发瓶，坐在水浴锅上。
3. 开始蒸馏，慢慢把压力降到 50 毫巴。
4. 收集 250 毫升蒸馏液后停止。
5. 加矿泉水精馏，得出 40 度的酒。
6. 把蒸馏后的伏特加倒入瓶中，冷藏保存，随用随取。

青苹果黑麦威士忌
量约 700 毫升

700 毫升黑麦威士忌

250 克绿苹果，稍微切一下

1. 将蒸发仪的水浴锅设为摄氏 60 度，预先加热。
2. 把威士忌和苹果倒入搅拌器，猛烈搅拌混合。倒入蒸发瓶，坐在水浴锅上。
3. 开始蒸馏，慢慢把压力降到 50 毫巴。
4. 收集 500 毫升蒸馏液后停止。
5. 加矿泉水精馏，得出 50 度的酒。
6. 把蒸馏后的伏特加倒入瓶中，冷藏保存，随用随取。

香菇伏特加
量约为 350 毫升

35 克干香菇

350 毫升伏特加

1. 将蒸发仪的水浴锅设为摄氏 50 度，预先加热。
2. 把香菇和伏特加倒入搅拌器，猛烈搅拌混合。倒入蒸发瓶，坐在水浴锅上。
3. 开始蒸馏，慢慢把压力降到 60 毫巴。
4. 收集 250 毫升蒸馏液后停止。
5. 加矿泉水精馏，得出 40 度的酒。
6. 把蒸馏后的伏特加倒入瓶中，冷藏保存，随用随取。

干草杰克·丹尼威士忌
量约 350 毫升

350 毫升杰克·丹尼威士忌

8 克干草，清洗一下

矿泉水，精馏用

1. 将蒸发仪的水浴锅设为摄氏 50 度，预先加热。
2. 把威士忌和干草倒入搅拌器，猛烈搅拌混合。倒入蒸发瓶，坐在水浴锅上。
3. 开始蒸馏，慢慢把压力降到 50 毫巴。
4. 收集 250 毫升蒸馏液后停止。
5. 加矿泉水精馏，得出 40 度的酒。
6. 把蒸馏后的威士忌倒入瓶中，冷藏保存，随用随取。

分离的甘露咖啡利口酒
量约 300 毫升

700 毫升甘露咖啡利口酒

矿泉水，精馏用

1. 将蒸发仪的水浴锅设为摄氏 60 度，预先加热。
2. 把甘露咖啡利口酒倒入蒸发瓶，坐在水浴锅上。
3. 开始蒸馏，慢慢把压力降到 45 毫巴。
4. 收集 250 毫升蒸馏液后停止。
5. 加矿泉水精馏，得出 30 度的酒。
6. 把蒸馏后的伏特加倒入瓶中，冷藏保存，随用随取。

山葵伏特加
量约 500 毫升

400 毫升伏特加

45 克山葵

矿泉水，精馏用

1. 将蒸发仪的水浴锅设为摄氏 55 度，预先加热。
2. 把伏特加和山葵倒入搅拌器中，猛烈搅拌混合。倒入蒸发瓶，坐在水浴锅上。
3. 开始蒸馏，慢慢把压力降到 55 毫巴。
4. 收集 350 毫升蒸馏液后停止。
5. 加矿泉水精馏，得出 40 度的酒。
6. 把蒸馏后的伏特加倒入瓶中，冷藏保存，随用随取。

致 谢

这些年来，有很多人、很多事直接或间接地影响着我，和以往一样，在人生道路上有幸能有很多人为我指引方向。若有遗漏，绝非有意并致以歉意。

近些年我在杜克与华夫餐厅和寿司桑巴餐厅工作，能够和一些才华横溢的人共事实属幸运，他们都非常了不起，虽是两支不同的团队，却同样兢兢业业。

在此感谢丹·多尔蒂、汤姆·桑西、丹·巴博萨、詹姆士·柯克－古尔德、本·利克和杜克与华夫餐厅（过去和现在）的所有厨师，和你们共事非常愉快。

感谢克劳迪奥·卡多佐、安德烈亚斯·博拉诺斯和寿司桑巴餐厅的厨师。

感谢丹尼尔·苏斯科、伯纳达斯、马西米利亚诺、彼得罗、弗朗西斯科·维拉格、斯蒂芬和杜克与华夫餐厅的酒吧团队以及杜克与华夫餐厅和寿司桑巴餐厅在伦敦、纽约、迈阿密和拉斯维加斯分店的酒吧团队，感谢你们让我自主修改菜单，在我更进一步的尝试中耐心等待。

感谢戈宇内伊为我提前准备，几乎每天愉快地和我一起工作，坚持高标准严要求。大部分时间他都在幕后，但是如果没有他和他的努力，我的工作就会变得艰难得多。

感谢杜克与华夫餐厅和寿司桑巴餐厅有远见卓识的西蒙·博科夫扎，您一天的创意比大部分人一生的想法都多。谢谢您让我加入您的公司，谢谢您对我付出的时间、耐心和理解，让我展现无尽可能。

感谢布莱恩·本迪克斯，您无疑是我入行的第一位导师，是我非常尊敬的人。您让我迈出了重要的第一步，成为一名调酒师（我本应该从事的工作），让我尽情去创新。

感谢行内行外的朋友们，感谢（直接或间接）为我指引过方向的人，感谢过去给过以及现在仍在为我提供建议的人。最需要感谢的是贝奇和埃德·布鲁姆、马克·普卢姆里格、汤姆·霍布斯、马特·塞耶、雅各布·布里奥斯、本·里德、托尼·科尼利亚罗、瑞恩·车提亚沃达纳、马特·韦利、克勒肯维尔·博伊、桑德烈和加里（鸡尾酒爱好者俱乐部）、梅·法斯和舍夫。

感谢帮助本书成功出版的人：夏伊·刘易斯（公关夏伊），你是最有耐心的代理人，也是一位很好的顾问、朋友和宣传者。

接下来……感谢帕维莲（Pavilion）出版社的卡蒂、菲奥娜、丹和劳拉。谢谢你们让我在自由创作中厘清我的想法。感谢莉兹和马克斯·哈拉拉－汉密尔顿的精美摄影，你们成功地捕捉了我的创意。感谢杰克·萨吉森的设计。还要感谢瓦莱丽·贝里和亚历克斯·布雷兹提供的食物、道具和精美的摆盘，感谢露西和迈克提供的完美的拍摄地。

最后……

感谢我的母亲朱莉。您坚强勇敢，是我深爱并敬重的人。您教会了我做人的道理，在我成长过程中给予我无数次机会，我希望您为我而骄傲。

感谢我的女儿伊莎贝拉－罗斯，你是我迄今为止最自豪的创作。

最后，感谢伊薇特，你是我很多标志性鸡尾酒的灵感来源，也是巧克力酱尼克罗尼真正的创造者。与君共饮，酒才最香。

我之所以看得更远，是因为我站在了巨人的肩膀上。

——艾萨克·牛顿